ECOLOGÍA Y EVOLUCIÓN DE LAS INTERACCIONES ENTRE *THORECTES* (COLEOPTERA: GEOTRUPIDAE)

Y

QUERCUS (FAGALES: FAGACEAE) EN LA PENÍNSULA IBÉRICA Y NORTE DE ÁFRICA

Francisco Sánchez Piñero
Jorge M. Lobo
José R. Verdú
Yolanda Jiménez Ruíz
Vieyle Cortez
Catherine Numa
Antonio J. Ortíz

INSTITUTO DE ESTUDIOS CEUTÍES
CEUTA 2024

Colección *Trabajos de Investigación*

Ciencias

El contenido de esta publicación procede de la Beca concedida por el Instituto de Estudios Ceutíes, perteneciente a la Convocatoria de Investigación de 2012.

© EDITA: INSTITUTO DE ESTUDIOS CEUTÍES
Apartado de correos 593 • 51080 Ceuta
Tel.: + 34 - 956 51 0017
E-mail: iec@ieceuties.org
www.ieceuties.org

Comité editorial:
Carlos Pérez Marín • José Luis Ruiz García
Adolfo Hernández Lafuente • María José Fernández Maqueira
Guadalupe Romero Sánchez • María Jesús Fuentes García

Jefe de publicaciones:
María Teresa Cuesta Chaparro

Diseño y maquetación:
Enrique Gómez Barceló

Realización e impresión:
Papel de Aguas S. L. - Ceuta

ISBN: 978-84-18642-35-7
Depósito Legal: CE 38 - 2023

ÍNDICE

Autores:

Francisco Sánchez Piñero
Departamento de Zoología, Facultad de Ciencias, Universidad de Granada.

Jorge M. Lobo
Departamento de Biogeografía y Cambio Global, Museo Nacional de Ciencias Naturales, CSIC.

José R. Verdú
Instituto de Investigación CIBIO, Universidad de Alicante.

Yolanda Jiménez Ruíz
Departamento de Biodiversidad y Biología Evolutiva, Museo Nacional de Ciencias Naturales, CSIC.

Vieyle Cortez
Instituto de Investigación CIBIO, Universidad de Alicante.

Catherine Numa
Programa de Conservación de Especies y Biodiversidad, UICN Centro de Cooperación del Mediterráneo.

Antonio J. Ortiz
Departamento de Química Inorgánica y Orgánica, Universidad de Jaén.

ECOLOGÍA Y EVOLUCIÓN DE LAS INTERACCIONES ENTRE *THORECTES* (COLEOPTERA: GEOTRUPIDAE)

Y

QUERCUS (FAGALES: FAGACEAE) EN LA PENÍNSULA IBÉRICA Y NORTE DE ÁFRICA

INTRODUCCIÓN

Los Scarabaeoidea constituyen uno de los mayores grupos de Coleoptera, comprendiendo unas 35.000 especies a nivel mundial, distribuidas por todos los continentes, excepto la Antártida (SCHOLTZ *et al.*, 2009). Los escarabeidos se originaron, probablemente, durante el Jurásico a partir de especies con hábitos alimenticios saprófagos o fungívoros y se diversificaron durante el Cretácico con la adquisición de formas de alimentación coprófagas, herbívoras y antófagas (SCHOLTZ *et al.*, 2009; AHRENS *et al.*, 2014). La coprofagia evolucionó mayoritariamente en dos familias de Scarabaeoidea, Scarabaeidae y Geotrupidae. Las especies de Scarabaeidae incluidas en las subfamilias Scarabaeinae ($\approx$ 6.700 species) y Aphodiinae ($\approx$ 3.500 species) comprenden la mayor parte de los denominados escarabeidos coprófagos (SCHOOLMEESTERS, 2020). La familia Geotrupidae también incluye una subfamilia con adaptaciones morfológicas, comportamentales y fisiológicas para el consumo de excrementos de mamíferos, los Geotrupinae holárticos ($\approx$ 330 especies pertenecientes a 29 géneros; SCHOOL-MEESTERS, 2020).

Los escarabeidos coprófagos se alimentan y nidifican con heces de diversos animales, especialmente de mamíferos herbívoros, empleando distintas estrategias para la explotación de los excrementos (HALFFTER y EDMONDS, 1982; HANSKI y CAMBEFORT, 1991). Sin embargo, muchas especies de escarabeidos coprófagos también se alimentan de carroña, hongos y materia vegetal en descomposición (HALFFTER y MATTHEWS, 1966; HANSKI, 1983; WALTER, 1983; PHILIPS *et al.*, 2004; HALFFTER y HALFFTER, 2009). Aunque la mayoría de las especies suele mostrar preferencias locales por diferentes tipos de excremento (HANSKI y CAMBEFORT, 1991; SÁNCHEZ-PIÑERO y ÁVILA, 1991; MARTÍN-PIERA y LOBO, 1996; FINN y GILLER, 2002; TSHIKAE *et al.*, 2013), la falta de especialización trófica es el patrón general en los escarabeidos coprófagos (FRANK *et al.*, 2018). Este generalismo trófico es especialmente marcado en los Geotrupidae, muchas de cuyas especies no solo se alimentan de muy distintos tipos de excremento, sino que además consumen una gran variedad de detritus vegetales, hongos y carroña (HOWDEN, 1955, 1964; PALESTRINI y ZUNINO, 1985; MARTÍN-PIERA y LÓPEZ-COLÓN, 2000; WEITHMANN *et al.*, 2020).

Recientemente, varios estudios han evidenciado la existencia de interesantes interacciones tróficas entre algunas especies de geotrúpidos y especies de árboles del género *Quercus*. Por un lado, se ha observado el consumo de bellotas de *Quercus* en dos especies del género *Thorectes* [*T. lusitanicus* (Jekel, 1866) y *T. baraudi* López-Colón, 1981; VERDÚ *et al.*, 2007, 2011] y en una especie norteamericana del género *Mycotrupes* [*M. lethroides* (Westwood, 1837); BEUCKE y CHOATE, 2009]. Además, se ha comprobado que las bellotas constituyen la fracción mayoritaria de la dieta de tres especies norteafricanas de *Thorectes* [*T. distinctus* (Marseul, 1878), *T. laevigatus* (Fabricius, 1798) and *T. trituberculatus* (Reitter, 1892); SÁNCHEZ-PIÑERO *et al.*, 2019]. Por otro lado, este último estudio también mostró el uso de hojarasca de *Quercus* para el aprovisionamiento de nidos en dos especies norteafricanas de *Thorectes* (*T. distinctus* and *T. trituberculatus*), lo que sugiere la existencia de una interacción aún más fuerte entre estos escarabajos y las quercíneas (SÁNCHEZ-PIÑERO *et al.*, 2019).

En este trabajo se proporciona una síntesis y un análisis a distintos niveles de las interacciones ecológicas entre especies de *Thorectes* y *Quercus*. Primero se realiza una síntesis de la taxonomía, la filogenia, la biogeografía y la ecología del género *Thorectes*. Seguidamente, se describen brevemente los métodos de estudio empleados para el estudio de las interacciones entre *Thorectes* y *Quercus*. Posteriormente, se proporciona la información disponible sobre el consumo de bellotas de *Quercus* por especies ibéricas y norteafricanas de *Thorectes* para mostrar la relevancia de esta interacción trófica. Se determinan los compuestos químicos volátiles y semi-volátiles de las bellotas de *Quercus* y se analizan, por primera vez, las respuestas electrofisiológicas de diferentes especies de *Thorectes* a estos compuestos mediante electroantenografía (EAG), para identificar las moléculas potencialmente relacionadas con la atracción de los escarabajos por las bellotas. Se discute el aprovisionamiento de nidos de *Thorectes* con hojarasca de *Quercus*, un hallazgo que sugiere la existencia de una interacción más profunda y compleja entre estos escarabajos y las quercíneas. Se examinan también las consecuencias ecológicas del consumo de bellotas por *Thorectes* en relación con la dispersión de semillas y la regeneración forestal. La interacción entre los escarabajos y las especies de *Quercus* se discute desde una perspectiva evolutiva considerando la información disponible sobre las relaciones filogenéticas de las especies del género *Thorectes* del Mediterráneo Occidental con los otros géneros de Geotrupinae. Finalmente, se consideran distintos aspectos relacionados con la conservación y futuras cuestiones a abordar en la investigación de las interaciones entre *Thorectes* y *Quercus*.

EL GÉNERO *THORECTES*

Taxonomía, distribución y filogenia del género *Thorectes* (*sensu lato*)

Thorectes Mulsant, 1842 comprende especies ápteras con élitros fusionados de tamaño mediano o grande (Fig. 1). El género tiene una compleja historia taxonómica. Descrito originalmente como un subgénero de *Geotrupes*, fue elevado a nivel de género por BARAUD (1977) y ZUNINO (1984), conformando uno de los grupos más diversos de Geotrupinae (52 especies; Table 1), solo superado por los géneros *Odontotrypes* (≈ 92 especies) y *Phelotrupes* (≈ 66 especies) del Paleártico Oriental (SCHOOLMEESTERS, 2020; NIKOLAJEV *et al.*, 2016). El género fue posteriormente dividido en varios géneros y subgéneros atendiendo a criterios morfológicos (LÓPEZ-COLÓN, 1989, 1996; REY y LÓPEZ-COLÓN, 2003), aunque estas propuestas fueron en principio descartadas y todos los nombres propuestos sinonimizados (BRANCO y ZIANI, 2006; LÖBL *et al.*, 2006). Tras algunas controversias relacionadas con el estatus nomenclatural de estas categorías taxonómicas (LÓPEZ-COLÓN y ALONSO-ZARAZAGA, 2006; BRANCO y ZIANI, 2007; ALONSO-ZARAZAGA *et al.*, 2015), la división de *Thorectes* (*s.l.*) en cinco géneros ha sido finalmente aceptada (NOMENCLATURE, INTERNATIONAL C.O.Z. 2018). Como consecuencia, y considerando algunas adiciones recientes (LÓPEZ-COLÓN, 2018; HUCHET *et al.,* 2020), el antiguo género *Thorectes* (*s.l.*) se considera en la actualidad compuesto por cinco géneros: *Baraudia* (1 especie), *Jekelius* (23 especies), *Silphotrupes* (4 especies), *Thorectes* (23 especies) y *Zuninoeus* (1 especie) (véase NIKOLAJEV *et al.*, 2016; Tabla 1).

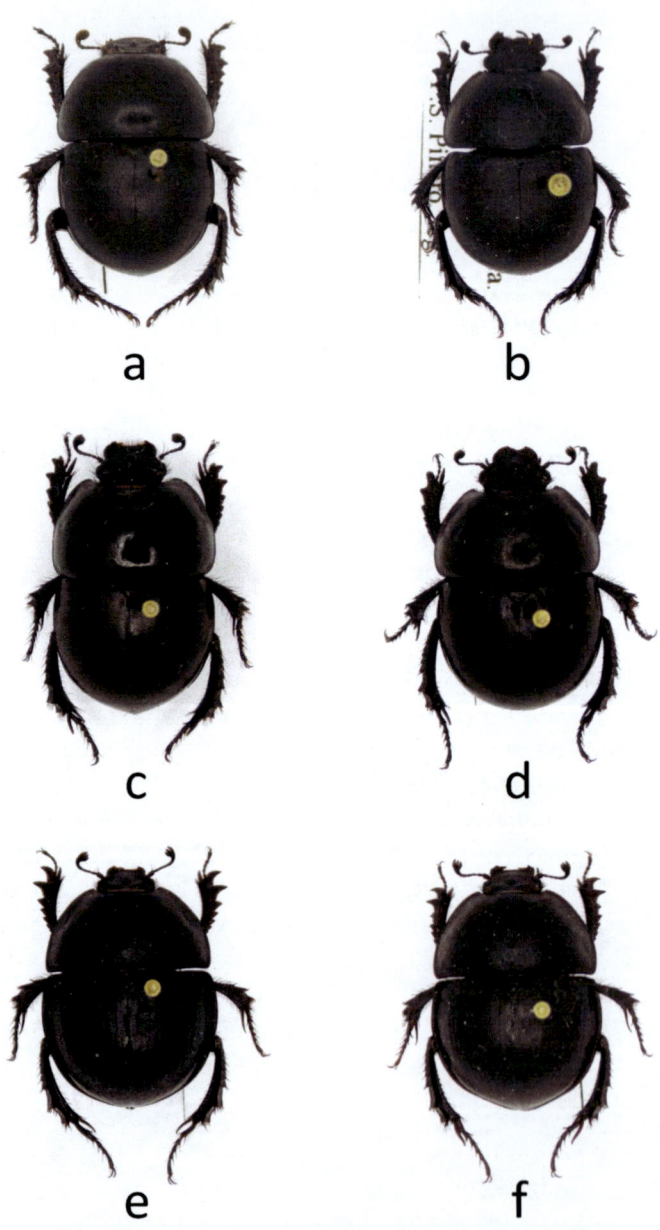

Figura 1.- Habitus de *Thorectes (s.s.)*: *T. lusitanicus* macho (a), hembra (b); *T. armifrons* macho (c), hembra (d); *T. distinctus* macho (e), hembra (f).

Tabla 1.- Especies actualmente reconocidas dentro del antiguo género *Thorectes* (*sensu lato*) y distribución geográfica según NIKOLAJEV *et al.* (2016).

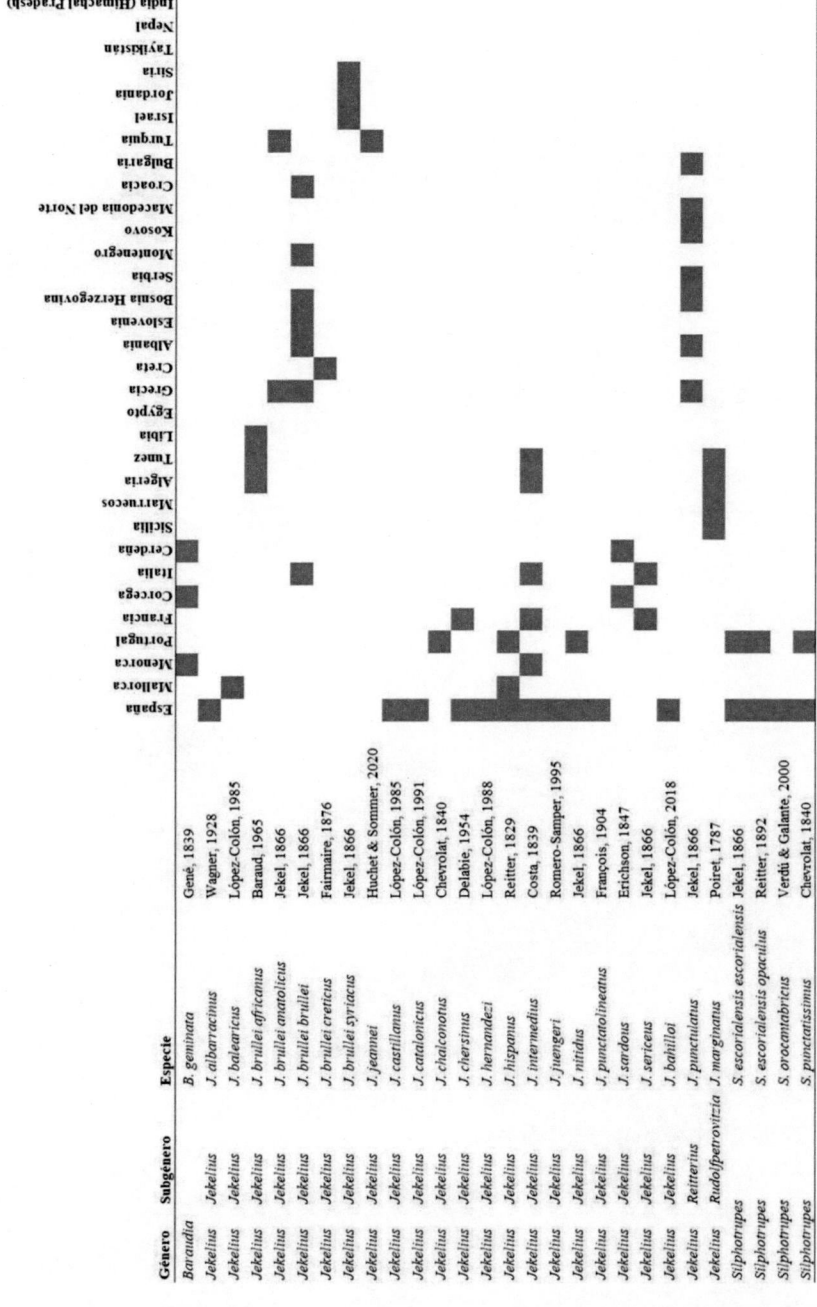

Tabla 1.- (*Continuación*)

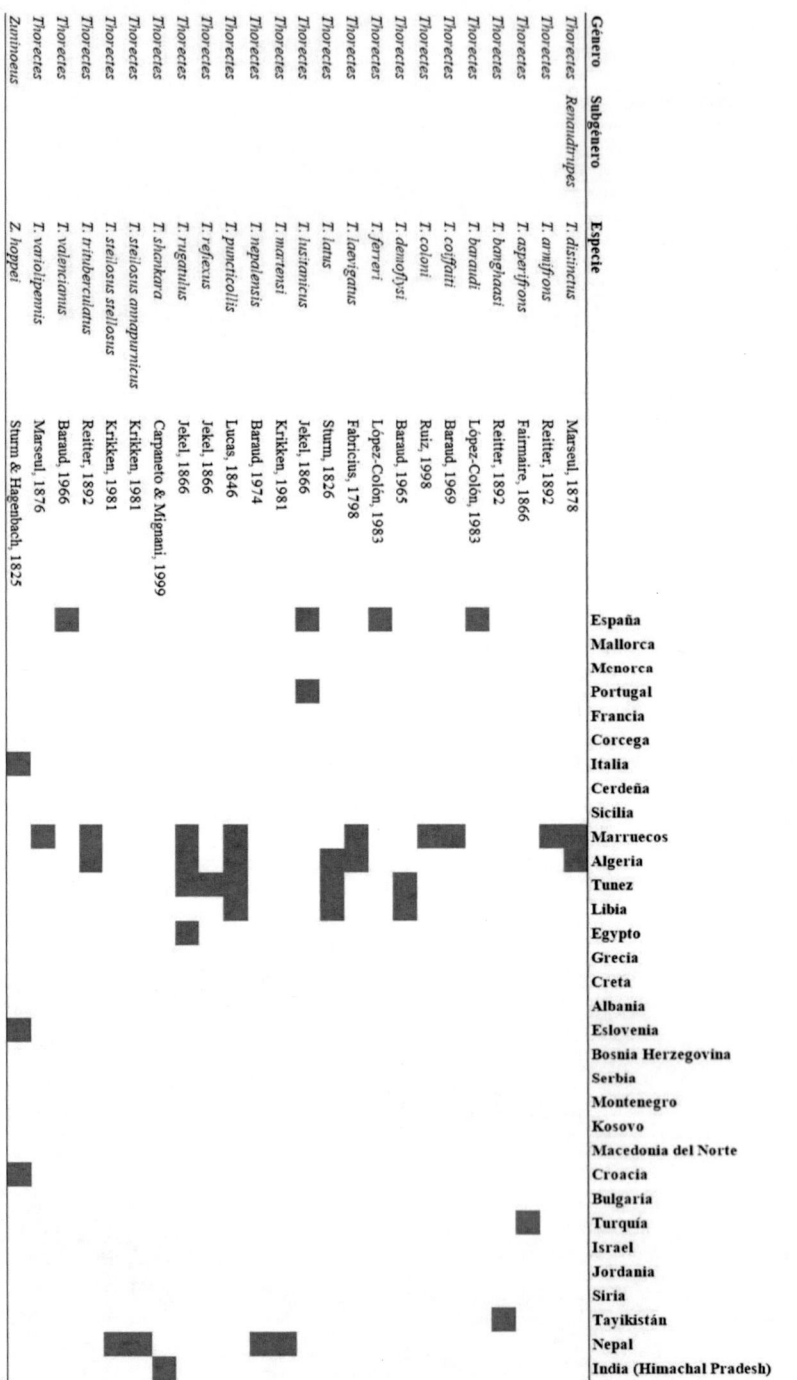

Género	Subgénero	Especie	
Thorectes	Renaudrupes	T. distinctus	Marseul, 1878
Thorectes		T. armifrons	Reitter, 1892
Thorectes		T. asperifrons	Fairmaire, 1866
Thorectes		T. benghassi	Reitter, 1892
Thorectes		T. baraudi	López-Colón, 1983
Thorectes		T. colfaiti	Baraud, 1969
Thorectes		T. coloni	Ruiz, 1998
Thorectes		T. denoflysi	Baraud, 1965
Thorectes		T. ferreri	López-Colón, 1983
Thorectes		T. laevigatus	Fabricius, 1798
Thorectes		T. latus	Sturm, 1826
Thorectes		T. lusitanicus	Jekel, 1866
Thorectes		T. martensi	Krikken, 1981
Thorectes		T. nepalensis	Baraud, 1974
Thorectes		T. puncticollis	Lucas, 1846
Thorectes		T. reflexus	Jekel, 1866
Thorectes		T. rugatulus	Jekel, 1866
Thorectes		T. shankara	Carpaneto & Mignani, 1999
Thorectes		T. stellosus annapurnicus	Krikken, 1981
Thorectes		T. stellosus stellosus	Krikken, 1981
Thorectes		T. trituberculatus	Reitter, 1892
Thorectes		T. valencianus	Baraud, 1966
Thorectes		T. variolipennis	Marseul, 1876
Zuninoeus		Z. hoppei	Sturm & Hagenbach, 1825

Columnas de distribución: España, Mallorca, Menorca, Portugal, Francia, Corcega, Italia, Cerdeña, Sicilia, Marruecos, Algeria, Tunez, Libia, Egypto, Grecia, Creta, Albania, Eslovenia, Bosnia Herzegovina, Serbia, Montenegro, Kosovo, Macedonia del Norte, Croacia, Bulgaria, Turquía, Israel, Jordania, Siria, Tayikistán, Nepal, India (Himachal Pradesh)

16

La familia Geotrupidae parece ocupar una posición basal dentro del grupo monofilético de los Scarabaeoidea (VILLALBA *et al.*, 2002; SMITH *et al.*, 2006; AHRENS *et al.*, 2014; pero véase McKENNA *et al.*, 2015). El origen del grupo compuesto por Geotrupidae + Scarabaeinae + Aphodiinae se ha datado del Cretácico Inferior/Cretácico Superior ($\approx$ 150 Ma), e incluso más temprano (McKENNA *et al.*, 2019), coincidiendo con la aparición de las plantas con flor y nuevos grupos de mamíferos junto con la disponibilidad de excrementos de dinosaurio (véase GUNTER *et al.*, 2016). Las evidencias fósiles disponibles confirman esta fecha de origen (KRELL, 2007; NIKOLAJEV, 2008). No obstante, la sistemática de la familia es objeto de debate en la actualidad, y el carácter monofilético de Geotrupidae incluyendo a las subfamilias Taurocerastinae, Geotrupinae y Lethrinae (ZUNINO, 1984; BROWNE y SCHOLTZ, 1999; VERDÚ *et al.* 2004) ha sido cuestionado por distintos investigadores (SCHOLTZ y BROWNE, 1996; GRE-BENNIKOV y SCHOLTZ 2004; McKENNA *et al.*, 2015; GUNTER *et al.*, 2016). En cualquier caso, los análisis más recientes indican que la subfamilia Geotrupinae constituiría un grupo monofilético (VERDÚ *et al.* 2004) que incluiría a un clado también monofilético que comprendería a todos los géneros y subgéneros en los que se ha dividido a *Thorectes* (*s.l.*) (CUNHA *et al.*, 2011; LOBO *et al.*, 2015). De este modo, los géneros *Jekelius*, *Silphotrupes* y *Thorectes* serían linajes evolutivos independientes muy diversificados en la región del Mediterráneo occidental. A diferencia de anteriores hipótesis basadas en caracteres morfológicos (PALMER y CAMBEFORT, 1997; ZUNINO, 1984) que databan el origen de *Thorectes* (*s.l.*) al final del Terciario, las filogenias moleculares recientes (CUNHA *et al.*, 2011) datan el linaje ancestral que originó a *Thorectes* (*s.l.*) en el límite Cretácico/Paleógeno ($\approx$ 65 Ma; véase también KRIKKEN, 1981), asociado con el evento de extinción en el límite K-T. En los biomas terrestres, este periodo de transición entre el Mesozoico y el Cenozoico se caracteriza por la extinción de los dinosaurios no-aviares, la diversificación de los mamíferos euterios y la dominancia de las angiospermas (VAJDA y BERCOVICI, 2014). En cualquier caso, *Thorectes* (*s.l.*) parece ser el clado vicariante occidental del diversificado género *Odontotrypes*, que habita las regiones montañosas de las áreas de transición entre las regiones Paleártica y Oriental (KRÁL *et al.*, 2001). La separación de *Silphotrupes* parece haber ocurrido tempranamente, hace alrededor de 58 Ma, mientras que la divergencia entre *Jekelius* y el clado *Thorectes-Trypocopris* está datada poco después (51 Ma) (CUNHA *et al.*, 2011). Aunque *Jekelius* presenta una distribución limitada a la cuenca Mediterránea (Fig. 2), las especies orientales del género aparecen en una posición filogenética basal, lo que sugiere un origen oriental de *Jekelius* dentro de la región Paleártica Occidental (LOBO *et al.*, 2015).

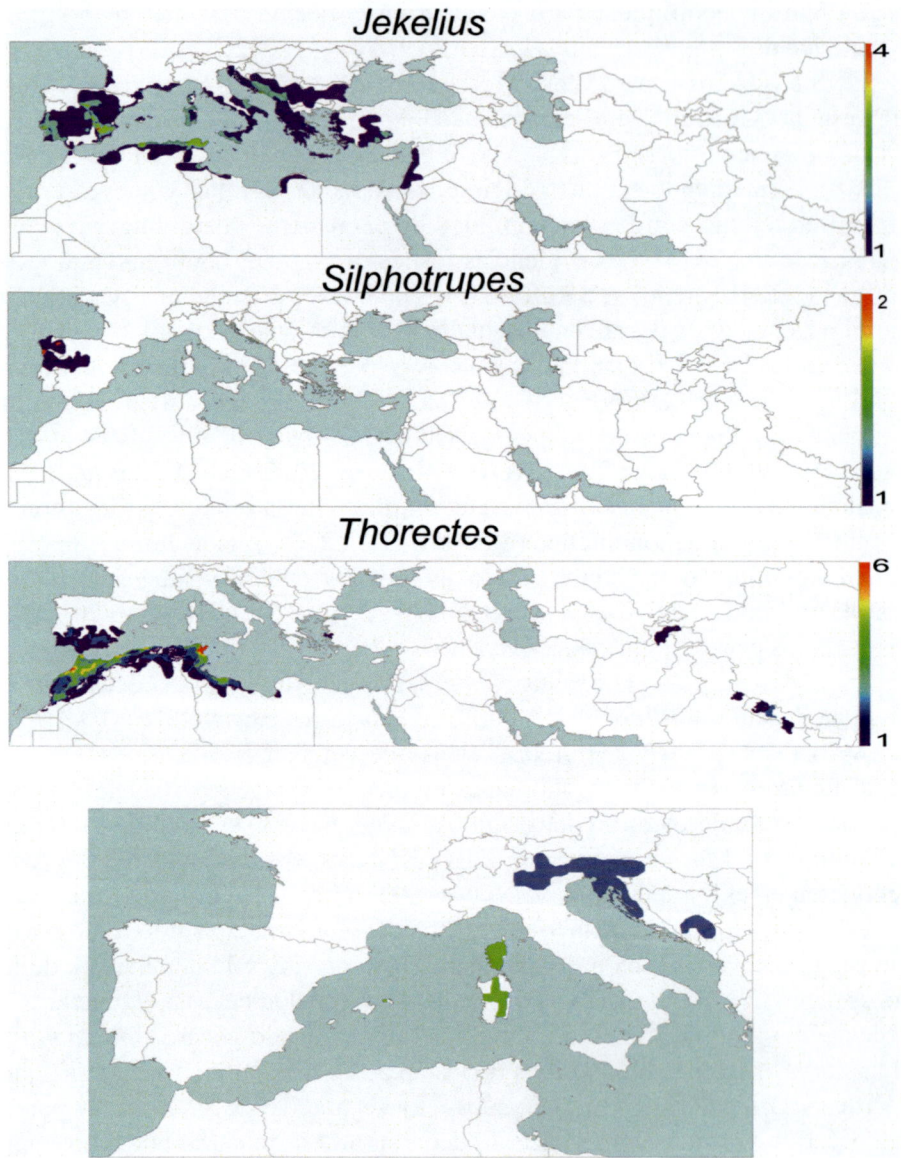

Figura 2.- Distribución geográfica de la riqueza de especies de los géneros incluidos en el clado de *Thorectes (s.l.)*. El mapa inferior representa la distribución de los géneros *Baraudia* (verde) y *Zuninoeus* (azul).

Historia biogeográfica del género *Thorectes* (*sensu stricto*)

Thorectes (*s.s.*) es el grupo más diversificado de los considerados aquí (23 especies; Tabla 1). A diferencia de *Jekelius*, *Thorectes* presenta una mayor riqueza de especies en el norte de África, mostrando una distribución disyunta por la presencia de algunas especies en Asia Central y Nepal, fuera de la región Mediterránea (Fig. 2).

El origen y diversificación de *Thorectes* (*s.s.*) parece haber ocurrido hace alrededor de 37 Ma, a finales del Eoceno (CUNHA *et al.*, 2011), cuando el Mar de Tethys desapareció finalmente y la elevación de los Alpes formó el mar Mediterráneo. Desafortunadamente, la falta de información detallada sobre las relaciones filogenéticas de las especies del género no permite formular una hipótesis plausible sobre la evolución de este clado, aunque se ha propuesto su origen insular relacionado con las condiciones existentes en el área del Tethys (véase KRIKKEN, 1981; ZUNINO, 1984). De acuerdo con la única filogenia disponible, basada en caracteres morfológicos (PALMER y CAMBEFORT, 1997, 2000), *Thorectes* (*s.s.*) podría estar relacionado con el género *Baraudia*.

Según estos autores, la vicarianza inicial dentro de este grupo estaría asociada con la aparición del Sistema Ibérico ($\approx$ 20-25 Ma) y la separación de las placas de la Kabilia (subgénero *Renaudtrupes*) y de Córcega-Cerdeña (*Baraudia geminata*). Las evidencias moleculares sugieren además la proximidad del género *Trypocopris* (CUNHA *et al.*, 2011), un género que comprende nueve especies (NIKOLAJEV *et al.*, 2016) que habitan zonas forestales y de alta montaña de Europa, Turquía, Irán y Asia Central, y que puede ser considerado como vicariante nororiental de los *Thorectes* mediterráneos (véase ZUNINO, 1984). En cualquier caso, *T. valencianus* parece ocupar una posición basal dentro de *Thorectes* (PALMER y CAMBEFORT, 1997; CUNHA et al., 2011) y su distribución actual podría explicarse por la aparición de lagos salinos interiores en la península ibérica durante el Mioceno ($\approx$ 16 Ma; PALMER y CAMBEFORT, 2000) o por eventos anteriores de tectónica de placas, durante el Oligoceno ($\approx$ 28 Ma; CUNHA et al., 2011). La distribución de las restantes especies de *Thorectes* pertenecientes a este clado, según PALMER y CAMBEFORT (1997, 2000), habría estado determinada por ciclos de disyunción-reconexión del Estrecho de Gibraltar durante el Mioceno ($\approx$ 15-5 Ma). En este contexto, las evidencias evolutivas relacionadas con el origen y distribución de las especies de *Quercus* podrían ser esenciales para explicar su asociación con las especies de *Thorectes* (*s.s.*) (véase más adelante).

Ecología de *Thorectes* (*s.s.*)

Las especies de *Thorectes* se caracterizan morfológicamente por su forma casi elipsoidal y sus élitros fusionados (Fig. 1). Ambos rasgos están relacionados funcionalmente y explican muchas de las características ecológicas y comportamentales de estas especies. La pérdida de la capacidad de vuelo, debida a la atrofia del segundo par de alas y la fusión de los élitros, habría favorecido la diversificación de este grupo de especies al limitar su capacidad de dispersión. De este modo, las cuencas fluviales son las variables que mejor explican la distribución de algunas de estas especies (LOBO *et al.*, 2006). Como ocurre en otros coleópteros (por ej., CHOWN *et al.*, 1998), el apterismo en *Thorectes* podría haberse originado como una adaptación a condiciones áridas o semiáridas, ya que la fusión de los élitros disminuye la pérdida de agua corporal. De hecho, el elevado volumen de hemolinfa que caracteriza a estas especies las hace especialmente adecuadas para estudiar la bioacumulación de compuestos químicos en coleópteros (por ej., VERDÚ *et al.*, 2020). Así, el apterismo y el volumen de agua corporal asociado podrían haber favorecido la supervivencia a largo plazo de las especies de *Thorectes*. Este hecho, parece estar también relacionado con la existencia de diversas respuestas ecofisiológicas para controlar el estrés térmico, mediante la capacidad de disminuir activamente la temperatura corporal por enfriamiento evaporativo (GALLEGO *et al.*, 2017, 2018).

El apterismo parece haber determinado también la explotación de un amplio espectro de recursos tróficos aparte del uso de excrementos de bovinos, equinos u ovinos. La hipofaringe y las mandíbulas de las especies de *Thorectes* están bien adaptadas anatómicamente para el consumo de excrementos secos como las heces de conejo (VERDÚ y GALANTE, 2004). El conejo [*Oryctolagus cuniculus* (L, 1758)] es un ingeniero del ecosistema originario de la península ibérica (LÓPEZ-MARTÍNEZ, 2008) íntimamente asociado con las especies de *Thorectes* (*s.l.*) (VERDÚ *et al.*, 2009). Así, la adquisición de fuertes dentículos mandibulares permitió a *Thorectes* no solo la explotación de excrementos secos de pequeños herbívoros salvajes, sino también de recursos tan diversos como hojarasca, setas, carroña y frutos como las bellotas. La polifagia que caracteriza a las especies de *Thorectes* les permitió además explotar una amplia variedad de fuentes alimenticias, dependiendo de la disponibilidad a escala local, como respuesta a las limitaciones impuestas por su incapacidad de volar para colonizar recursos dispersos en el espacio y efímeros en el tiempo, como son los excrementos. El carácter polifágico de *Thorectes* es aún más evidente dada su atracción por las bellotas, así como por el consumo de éstas y de hojarasca de *Quercus* (VERDÚ *et al.*, 2007, 2010, 2011 and 2013; PÉREZ-RAMOS *et al.*, 2007, 2013; SÁNCHEZ-PIÑERO *et al.*, 2019).

ESTUDIO DE LAS INTERACCIONES
THORECTES-QUERCUS

Las interacciones entre las especies de *Thorectes* y las especies del género *Quercus* han sido estudiadas en la península ibérica y el norte de África (Fig. 3, Table 2). En la península ibérica, el consumo y dispersión de bellotas por *T. lusitanicus* han sido estudiados en bosques mixtos de *Q. suber* y *Q. canariensis* en la Sierra del Aljibe (provincia de Cádiz), en el extremo meridional de España cerca del Estrecho de Gibraltar (VERDÚ *et al.*, 2007; PÉREZ-RAMOS *et al.*, 2007, 2013). El uso de bellotas de *Quercus* por *T. baraudi* se analizó en el Parque Nacional de Cabañeros (en el centro de la península ibérica) en un área con un mosaico de vegetación compuesto por formaciones de matorral denso, dehesas y bosques dominados por *Q. suber*, *Q. pyrenaica*, *Q. faginea* y *Q. ilex* (VERDÚ *et al.*, 2011). En la Sierra del Aljibe, las zonas muestreadas mostraron diferencias en la presencia de ganado, ya que solo en una de ellas las vacas pastaban regularmente, aunque en todas eran abundantes los grandes herbívoros salvajes como ciervos y corzos (VERDÚ *et al.*, 2007; PÉREZ-RAMOS *et al.*, 2007, 2013). El Parque Nacional de Cabañeros alberga grandes poblaciones de herbívoros salvajes (principalmente ciervos y corzos) y jabalíes, que pastan y se alimentan de bellotas, pero no tiene uso ganadero (VERDÚ *et al.*, 2011).

En el norte de África, el uso de bellotas y hojarasca de *Quercus* por distintas especies de *Thorectes* se examinó mediante la realización de un muestreo en el norte de Marruecos, en áreas donde se solapan la presencia de bosques de quercíneas (*Quercus ilex*, *Q. suber* y *Q. faginea*; véase Fig. 4) con el área de distribución de las diferentes especies de *Thorectes* (Table 2, Fig. 3). Además, se incluyeron observaciones y datos disponibles del uso de bellotas por *Thorectes* en la Ciudad Autónoma de Ceuta -España- (J.L. Ruiz, observación personal; véase SÁNCHEZ-PIÑERO et al., 2019). Todos los puntos de muestreo en Marruecos tuvieron una alta densidad de ganado (principalmente vacuno y ovino) y una gran disponibilidad de excremento. Debido al elevado consumo de bellotas por el ganado y, en algunos casos, a la recolección por la población local, se hallaron muy pocas bellotas en el suelo, lo que impidió realizar una estimación de su disponibilidad. En Ceuta,

Figura 3.- Localización de las zonas muestreadas en la peninsula ibérica y norte de África con presencia de especies de *Thorectes y de Quercus* (ver Tabla 2). Los círculos rojos corresponden a las zonas donde se hallaron bellotas de *Quercus* enterradas y/o consumidas por especies de *Thorectes*. Los cuadrados blancos indican las zonas con bosques en los que no se observó enterramiento o consumo de bellotas por *Thorectes*.

la disponibilidad de excrementos de ganado doméstico (principalmente ovino y caprino), jabalí y conejo fue alta en los rodales de bosque de alcornoque registrados (J.L. Ruiz, observación personal). Los datos obtenidos durante los muestreos han sido incorporados en la base de datos "Información taxonómica y biogeográfica sobre los Scarabaeoidea coprófagos de Marruecos" (de libre acceso disponible en: http://biogeografia.org/).

Tabla 2.- Localidades donde se han llevado a cabo los estudios/observaciones de las interacciones entre *Quercus* y *Thorectes*.

Zona	Localización	Coordenadas	Altitud (m s.n.m.)	Especies de *Quercus*	Especies de *Thorectes*
San Carlos del Tiradero	Sur P. Ibérica	N36.9046, W5.3539	263	*Q. suber, Q. canariensis*	*T. lusitanicus*
La Sauceda	Sur P. Ibérica	N36.3154, W5.3429	610	*Q. suber, Q. canariensis*	*T. lusitanicus*
P. Nacional de Cabañeros	Centro P. Ibérica	N39.40, W4.50	680	*Q. suber, Q. pyrenaica, Q. faginea, Q. ilex*	*T. baraudi*
Ceuta	Norte de África	N35.5405, W5.2145	280	*Q. suber*	*T. laevigatus*
Ctra. Khènifra-Khemisset	Norte de África	N33.17759, W5.87785	1403	*Q. ilex*	*T. trituberculatus*
Ctra. Cedar Forest-Azrou	Norte de África	N33.42741, W5.17505	1694	*Q. faginea*	*T. armifrons*
Ctra. Khènifra-Khemisset	Norte de África	N33.44722, W6.07690	982	*Q. suber*	*T. trituberculatus*
Ctra. Khènifra-Khemisset	Norte de África	N33.48130, W6.13555	862	*Q. suber*	*T. trituberculatus*
Sur del Lago Aoua	Norte de África	N33.55417, W5.07701	1647	*Q. ilex*	*T. trituberculatus*
Bosqu de Mâmora	Norte de África	N34.04963, W6.54914	111	*Q. suber*	*T. distinctus*
P. Nacional de Tazzeka	Norte de África	N34.05243, W4.18517	1375	*Q. suber*	*T. trituberculatus*
Norte del río Loukus	Norte de África	N35.29146, W6.06440	283	*Q. suber*	*T. distinctus*
Moulay Abdeselam	Norte de África	N35.33866, W5.54281	873	*Q. suber, Q. faginea*	*T. laevigatus*

Figura 4.- Bosques de *Quercus suber* en los que se hallaron especies de *Thorectes* consumidoras de bellotas en el Parque Nacional de Tazzeka (A) y Bosque de Mâmora (B). © J.R. Verdú.

Las interacciones entre *Thorectes* y *Quercus* se estudiaron mediante distintas combinaciones de muestreos en el campo y experimentos de campo y laboratorio. Las diferencias en los métodos empleados dependieron de los objetivos específicos de cada estudio y de las limitaciones impuestas por cada área de estudio. Así, en las Sierra del Aljibe y en el norte de África el uso de bellotas por *Thorectes* se analizó mediante la búsqueda en cuadrados de 1 m², separados entre sí al menos 100 m de distancia, situados bajo las copas de las especies de *Quercus* dominantes en cada zona. El número de cuadrados registrados en cada zona osciló entre 6-15 (media de 10 cuadrados/zona) en el norte de Marruecos y 20 (10 cuadrados bajo cada una de las dos especies dominantes de *Quercus*) en la Sierra del Aljibe. En cada cuadrado, se quitó la hojarasca superficial y se inspeccionó el suelo hasta una profundidad de 10-15 cm (Sierra del Aljibe) o 25 cm (Marruecos) para detectar la presencia de bellotas y escarabajos enterrados así como de nidos aprovisionados con hojarasca o excrementos. La dispersión de bellotas por *T. lusitanicus* en la Sierra del Aljibe se analizó mediante la realización de experimentos en el campo y en el laboratorio (PÉREZ-RAMOS *et al.*, 2007, 2013). En el Parque Nacional de Cabañeros, el uso de bellotas por *T. baraudi* se evaluó utilizando jaulas de exclusión para impedir el consumo de las bellotas por grandes vertebrados, roedores y pájaros. En cada jaula se introdujeron parejas de *T. baraudi* junto con bellotas de *Quercus*, tras lo cual se registró periódicamente el enterramiento y consumo de bellotas por los escarabajos (VERDÚ *et al.*, 2011).

Los efectos ecofisiológicos (tolerancia térmica, respuesta immune) y reproductivos del consumo de bellotas se estudiaron en *T. lusitanicus* mediante experimentos de laboratorio (véase VERDÚ *et al.*, 2010, 2013 para una descripción detallada de los métodos empleados). Las diferencias en la tolerancia térmica entre escarabajos alimentados con bellotas y con excremento de vaca se analizaron midiendo el peso del cuerpo graso, contenido de hemolinfa (proteínas, glicerol, ácidos grasos), punto de sobreenfriamiento (*supercooling*) de la hemolinfa (temperatura de enfriamiento de la hemolinfa por debajo de su punto de congelación sin que llegue a solidificarse) e histéresis térmica (una medida de la producción y el efecto de las proteínas anticongelantes que, al unirse a los cristales de hielo, provocan la separación de los puntos de fusión y congelación del agua). Las diferencias en el desarrollo ovárico entre individuos alimentados con bellotas y con excrementos se analizaron considerando el estado de desarrollo del ovario (desarrollado/no desarrollado), su peso y el número y peso medio de los oocitos del ovario. Los efectos de la dieta (alimentación con bellotas vs. excremento de vaca) sobre la respuesta inmune frente a un hongo entomopatógeno generalista, *Metarhizium anisopliae*, también se evaluaron en un ensayo de laboratorio mediante la medición del contenido de proteínas y pro-feniloxidasa (ProPO) y de la actividad de fenoloxidasa (PO) (componentes importantes del sistema inmune de los insectos) en la hemolinfa. Además, la mortalidad causada por el hongo entomopatógeno en cada tratamiento de dieta se evaluó tras 4, 8 y 12 días de exposición a *M. anisopliae* en una prueba de laboratorio (véase VERDÚ et al., 2010, 2013 para una descripción detallada del diseño de los experimentos y métodos empleados).

Compuestos volátiles de las bellotas relacionados con la atracción de Thorectes

En este estudio se prepararon extractos volátiles de dos tipos de bellotas (dulces y amargas) de *Q. suber* mediante Extracción Dinámica de Espacio Libre (*Dynamic HeadSpace Extraction*, DHSE) que se usaron en pruebas de estimulación. La adsorción de los compuestos volátiles se realizó utilizando una trampa consistente en un tubo de vidrio (16 × 0.4 cm de diámetro interno) relleno con 100 mg de Tenax® (Supelco, Bellefonte, PA, EE.UU.). Las muestras del espacio libre se analizaron empleando un cromatógrafo de gases acoplado a un detector de masas selectivo (GC-MS). Para ello, se realizó la desorción de las muestras usando un sistema térmico de desorción (Gerstel TDS-2) conectado al GC-MS. La identificación de los compuestos se realizó por comparación de los espectros de masas con una biblioteca o base de datos de espectros de masas, patrones e índices de Kovàts.

Una vez identificados los compuestos volátiles de las bellotas, se llevó a cabo, por primera vez, el análisis de las respuestas ecofisiológicas de los escarabajos a dichos compuestos mediante electroantenografía (EAG). Los ensayos de EAG de *Thorectes trituberculatus, T. distinctus, T. armifrons* y *T. lusitanicus* utilizando los extractos de volátiles de bellotas se realizaron mediante un electroantenógrafo (Syntech, Kirchzarten, Alemania).

INTERACCIONES ECOLÓGICAS
ENTRE *THORECTES* Y *QUERCUS*

Uso de bellotas de *Quercus*

Hasta el momento se han hallado cinco especies de *Thorectes* que se alimentan de bellotas: las especies ibéricas *T. lusitanicus* y *T. baraudi* y las especies norteafricanas *T. laevigatus, T. trituberculatus* y *T. distinctus* (VERDÚ *et al.*, 2007, 2011; SÁNCHEZ-PIÑERO *et al.*, 2019). Los escarabajos se encontraron generalmente enterrados en el suelo, en el interior de las bellotas, aunque se han observado algunos individuos alimentandose de bellotas directamente en la superficie del suelo (Fig. 5). Los escarabajos son capaces de roer la cáscara dura de las bellotas y consumirlas sin dañar los cotiledones, permitiendo de este modo la germinación de las plántulas (PÉREZ-RAMOS *et al.*, 2007), un hecho también observado en las bellotas enterradas por las especies norteafricanas. Además, es interesante señalar que los datos disponibles hasta el momento sugieren que la alimentación de bellotas no ocurre en el género *Jekelius,* próximamente relacionado con *Thorectes*. Los experimentos de campo para determinar el uso de bellotas por *J. intermedius*, especie que habita en bosques de *Quercus* de España central, mostraron que el consumo de bellotas por esta especie fue negligible o accidental, no hallándose además atracción de esta especie por las bellotas en los experimentos de olfatometría (VERDÚ *et al.*, 2011). Observaciones similares se han realizado en otras especies ibéricas de *Jekelius*, como *J. nitidus* y *J. hernandezi* (J. R. Verdú, observación personal). De acuerdo con estos resultados, la atracción por las bellotas parece ser exclusiva de las especies de *Thorectes*.

Las bellotas constituyen un componente importante de la dieta de las especies de *Thorectes* que habitan bosques de *Quercus*. Los resultados experimentales han mostrado que el número de individuos de *T. lusitanicus* atraídos por las bellotas fue 4 y 6 veces mayor que el número de individuos atraídos por los excrementos de conejo y de vaca, respectivamente, en pruebas de olfatometría y hasta 8 veces mayor que en ambos tipos de excremento en pruebas de palatabilidad (VERDÚ

Figura 5.- Uso de bellotas por especies de *Thorectes*. A) Dos individuos de *T. lusitanicus* en el Parque Natural de Los Alcornocales (sur de España); B) Individuo de *T. distinctus* desenterrado con una bellota de *Quercus suber* parcialmente consumida en el Bosque de Mâmora (norte de Marruecos); C) *Thorectes laevigatus* alimentándose de una bellota de *Quercus suber* en el Monte del Renegado (Ciudad Autónoma de Ceuta); D) Enterramiento en el suelo de una bellota de *Quercus suber* por *T. laevigatus* (Moulay Abdeselam, norte de Marruecos). A, B, D, © J.R. Verdú; C) © J.L. Ruiz.

et al., 2007). Resultados similares se obtuvieron para *T. baraudi*, aunque en esta especie el número de escarabajos atraídos por las bellotas en las pruebas de ol-fatometría fue 2-4 veces mayor que el número de escarabajos atraídos por heces de conejo y de vaca, lo que sugiere que la alimentación con bellotas podría ser menos importante en esta especie que en *T. lusitanicus* (VERDÚ *et al.*, 2011). En las especies norteafricanas de *Thorectes*, el 68% de los individuos hallados en los cuadrados muestreados con algún tipo de recurso se encontraron enterrados con bellotas parcialmente consumidas por los escarabajos y un 12% adicional se hallaron aprovisionando nidos con hojarasca de *Quercus*, mientras que solo el 20% de los individuos se encontraron alimentándose con excremento. Así, las bellotas parecen constituir la base de la alimentación de los *Thorectes* norteafricanos. En conjunto, estos resultados indican la importancia de las bellotas como recurso alimenticio para las especies de *Thorectes*, generalmente consideradas como especies principalmente coprófagas (PALESTRINI y ZUNINO, 1985; RUIZ, 1995; MARTÍN-PIERA y LÓPEZ-COLÓN, 2000).

Los datos de campo y los experimentos de palatabilidad mostraron además una fuerte preferencia de las especies de *Thorectes* por bellotas de especies concretas de *Quercus* (VERDÚ et al., 2007). Así, *T. lusitanicus* mostró una clara preferencia por bellotas de *Q. suber* frente a las de *Q. canariensis*, de manera que un 86% de las bellotas consumidas por los escarabajos en el campo se hallaron bajo las copas de *Q. suber*. Las pruebas de palatabilidad también mostraron que esta especie de escarabajo prefirió las bellotas de *Q. suber* y *Q. ilex* (*Q. ilex* ssp. *ballota* = *Q. rotundifolia*) frente a las de *Q. canariensis*. Estos resultados coinciden con los datos obtenidos para las especies norteafricanas de *Thorectes*, que solo se hallaron alimentándose de bellotas de *Q. suber* (SÁNCHEZ-PIÑERO *et al.*, 2019). Aunque dos de estas especies norteafricanas que se alimentan de bellotas (*T. laevigatus, T. trituberculatus*) habitan, además de alcornocales, en bosques de *Q. ilex* y bosques mixtos de *Q. suber* + *Q. canariensis*, solo se observaron escarabajos de estas especies comiendo bellotas de *Q. suber*. Sin embargo, hasta qué punto los *Thorectes* norteafricanos realmente prefieren las bellotas de *Q. suber* frente a las de *Q. ilex* y *Q. canariensis* es una cuestión aún por resolver, ya que la selección de bellotas de diferentes especies de *Quercus* por las distintas especies de *Thorectes* no pudo analizarse, debido a los pequeños tamaños de muestra correspondientes a las otras especies de *Quercus* (*Q. ilex* y *Q. canariensis)* en comparación con *Q. suber*, la especie de quercínea dominante en el área de estudio. Según VERDÚ *et al.* (2007), diversas características de las bellotas como el tamaño, dureza de la cáscara y contenido de taninos podrían estar relacionadas con la selección de las bellotas por los escarabajos. Sería necesario realizar estudios adicionales, tanto en el campo como en el laboratorio, para determinar si las bellotas de diferentes especies de *Quercus* son consumidas por las especies norteafricanas de *Thorectes* y para identificar los factores involucrados en la selección de las bellotas.

Compuestos volátiles y atracción por las bellotas

El análisis químico fue especialmente importante como un paso inicial en la identificación de los compuestos volátiles de las bellotas. La técnica de DHSE/GC-MS identificó 16 compuestos volátiles emitidos por los dos tipos de bellotas (dulce y amarga) de *Q. suber*. Los compuestos identificados se enumeran en la Tabla 3, en la que aparecen en orden de elución de acuerdo con la columna no polar

Tabla 3. Compuestos identificados en los dos tipos de bellotas (amargas y dulces) de *Quercus suber* mediante el método DHSE/GC-MS.

RT = Tiempo de retención; RI = Índice de retención utilizando n-alkanos; KRI = Índice de retención de Kováts en una columna DB-5 (ADAMS, 1995); (a) Identificación por comparación con el espectro de masas (Ms), índices de retención de Kováts según datos de la literatura (Ri) y tiempo de retención de compuestos estándares auténticos (Std); nd = no detectado.

RT	RI	KRI	Compuesto	Grupo funcional	Identificación[a]	Composición (%)	
						dulce acorns	amarga acorns
6.56	940	939	α-pineno	monoterpeno	Ms;Ri;Std	6.04	1.28
9.60	1028	1031	limoneno	monoterpeno	Ms;Ri;Std	4.25	nd
9.60	1031	1031	β-felandreno	monoterpeno	Ms;Ri;Std	nd	1.57
12.06	1102	1102	nonanal	aldehído	Ms;Ri;Std	4.12	0.80
13.28	1144	1143	alcanfor	monoterpeno	Ms;Ri;Std	1.37	nd
15.15	1206	1204	decanal	aldehído	Ms;Ri	1.37	2.88
19.03	1400	1409	α-gurjuneno	sesquiterpeno	Ms;Ri	5.49	nd
19.90		1351	α-longipineno	sesquiterpeno	Ms	5.35	0.61
19.92		1376	α-copaeno	sesquiterpeno	Ms	nd	0.51
21.51		1439	α-guaieno	sesquiterpeno	Ms	2.19	0.19
23.21	1506	1508	α-farneseno	sesquiterpeno	Ms;Ri	2.06	nd
22.67	1668	1664	14-hidroxi-9-epi(E)-cariofileno	misceláneo	Ms;Ri	3.02	nd
29.01	1726		ácido mirístico	ácido graso	Ms	0.82	1.34
33.00	1970		ácido palmítico	ácido graso	Ms;Std	46.91	52.44
36.32	2086		ácido oleico	ácido graso	Ms;Std	nd	1.44
36.70	2173		ácido esteárico	ácido graso	Ms;Std	17.01	36.94

y clasificados en relación con su grupo funcional. Los patrones químicos hallados en los volátiles de las bellotas incluyeron monoterpenos, sesquiterpenos, aldehídos, ácidos grasos y otros compuestos diversos. Los perfiles químicos de ambos tipos de bellotas estaban dominados por ácidos grasos, que comprendieron > 64% en las bellotas dulces y > 92% en las bellotas amargas. Los ácidos grasos mayoritarios en las bellotas dulces y amargas fueron el ácido palmítico (46.91% y 54.44%, respectivamente) y el ácido esteárico (17.01% y 36.94%, respectivamente).

Los ensayos de EAG demostraron la existencia de respuestas olfativas a los compuestos volátiles de bellotas de *Q. suber* en las cuatro especies de *Thorectes* analizadas (las especie ibérica *T. lusitanicus* y las norteafricanas *T. trituberculatus, T. distinctus* y *T. armifrons*). Las antenas de *Thorectes* reaccionaron a la estimulación EAG usando los extractos volátiles de los dos tipos de bellotas usados. Las respuestas electroantenográficas obtenidas para las distintas especies mostraron una amplia variación en las amplitudes de potencial de acción, con claras diferencias en el potencial electrofisiológico entre los extractos de bellotas dulces y amargas (Tabla 4).

Los análisis químicos de los volátiles de las bellotas revelaron un alto contenido en ácido palmítico y otros compuestos, como el nonanal. Estos resultados sugieren que dichos compuestos están probablemente relacionados con los mecanismos de atracción de *Thorectes* por las bellotas. Esta relación está apoyada por el hecho de que estos compuestos volátiles se han hallado como atrayentes comunes en plantas que provocan respuestas fisiológicas y comportamentales en coleópteros fitófagos (e.g. DICKENS, 2006; McGRAW *et al.*, 2011). Por otra parte, las diferencias químicas en los volátiles de las bellotas dulces y amargas contribuirían a las variaciones en las respuestas de EAG a ambos tipos de bellotas. Sería necesario llevar a cabo más investigaciones para dilucidar las respuestas olfativas de *Thorectes* a los ácidos grasos y otros compuestos volátiles y comprender los mecanismos de atracción de los escarabajos por las bellotas.

Tabla 4.- Respuestas electroantenográficas (EAG) medias de
***Thorectes* a extractos de volátiles de las bellotas.**

Muestra	Respuestas EAG (mV)			
	T. lusitanicus	*T. trituberculatus*	*T. distinctus*	*T. armifrons*
Bellotas dulces	0.460	0.598	0.294	0.367
Bellotas amargas	0.147	0.100	0.122	0.048

Los resultados anteriores sugieren que los compuestos volátiles pueden tener un importante papel en la detección de las bellotas por *Thorectes*. Sin embargo, la respuesta positiva de *T. armifrons* a los volátiles de las bellotas en los ensayos de EAG contrastan con la ausencia de observaciones de consumo de bellotas por esta especie en el campo. Estos resultados contradictorios podrían deberse a la baja abundancia de *T. armifrons* en bosques de *Q. ilex* y *Q. faginea* durante los muestreos, ya que esta especie aparece en mayor abundancia en bosques de cedro y pastizales, tal y como señalan los datos y observaciones disponibles (ROMERO-SAMPER y LOBO, 2008; F. Sánchez-Piñero y J.L. Ruiz, observación personal). Así, la respuesta positiva de *T. armifrons* a los volátiles de las bellotas, similar a la hallada en las especies de *Thorectes* que entierran bellotas, sugiere que *T. armifrons* es una especie potencialmente enterradora de bellotas, si bien sería necesario llevar a cabo un mayor esfuerzo de muestreo en bosques de quercíneas para determinar si esta especie se alimenta realmente de bellotas.

Ventajas del consumo de bellotas

El trabajo experimental con *T. lusitanicus* ha mostrado que el consumo de bellotas proporciona ventajas ecofisiológicas y reproductivas a los escarabajos (VERDÚ *et al.*, 2010). Las bellotas tienen un mayor contenido en proteínas (18%) y lípidos (6.1%, especialmente ácidos grasos poliinsaturados, triglicéridos y esteroides) que el excremento de vaca (5% proteínas, 0.4% lípidos), constituyendo un recurso nutricionalmente rico. De hecho, los experimentos de laboratorio mostraron que los escarabajos alimentados con bellotas desarrollaron un cuerpo graso con un peso casi 5 veces mayor que los escarabajos alimentados con excremento de vaca. También la cantidad de ácidos grasos en la hemolinfa fue 2-3 veces mayor en los escarabajos alimentados con bellotas en comparación con los escarabajos alimentados con excremento de vaca. Además, la hemolinfa de los escarabajos alimentados con bellotas contenía ácidos grasos, como los ácidos esteárico y linoleico, que no se detectaron en los escarabajos alimentados con excremento. El mayor contenido de proteínas en las bellotas que en el excremento de vaca también incrementó 4,6 veces el contenido de proteínas en la hemolinfa de *T. lusitanicus* alimentados con bellotas.

Se halló que el contenido en ácidos grasos y proteínas de la hemolinfa estaba relacionado además con la tolerancia térmica de *T. lusitanicus*, reduciendo el punto de sobreenfriamiento (es decir, la temperatura de enfriamiento de la hemolinfa por debajo del punto de congelación sin que llegue a solidificarse) de -8,5°C en escarabajos alimentados con excremento de vacuno a -13,5°C en escarabajos alimentados con bellotas (VERDÚ *et al.*, 2010). El consumo de bellotas en *T. lusitanicus* también aumentó la histéresis térmica (es decir, la diferencia entre el punto de fusión y el punto de congelación del agua) de 0,41°C (dieta de excremento de vaca) a 0,64 (dieta de bellotas). De este modo, el consumo de bellotas, al proporcionar una dieta más rica en ácidos grasos y proteínas, afectó positivamente al contenido crioprotector de la hemolinfa, reduciendo el punto de sobreenfriamiento e incrementando la actividad de histéresis térmica. La tolerancia al frío podría ser una ventaja clave para las especies de *Thorectes*, que tienen actividad invernal, permitiéndoles incrementar su periodo de actividad durante la estación fría y sobrevivir en condiciones más extremas de frío. Esta hipótesis está apoyada por los resultados experimentales que señalan que los individuos de *T. lusitanicus* alimentados con bellotas mantuvieron mayores tasas de actividad en condiciones más frías, que los individuos alimentados con excremento de vaca (VERDÚ *et al.*, 2010).

La alimentación con bellotas, además, refuerza la respuesta inmune frente a un hongo entomopatógeno generalista (*Metarhizium anisopliae*) en *T. lusitanicus* (VERDÚ *et al.*, 2013). Los resultados experimentales mostraron que los escarabajos alimentados con bellotas tuvieron mayores contenidos de proteínas y fenoloxidasa (uno de los principales componentes del sistema inmune de los insectos) que los escarabajos alimentados con excremento. Los datos sugieren que el mayor contenido de proteínas de la hemolinfa proporcionado por el consumo de bellotas, aumenta las concentraciones de enzimas y proenzimas involucradas en la respuesta inmune (como la fenoloxidasa). Como consecuencia, la mortalidad de los escarabajos inoculados experimentalmente con *M. anisopliae* mostró diferencias dependiendo de la dieta: mientras que ningún escarabajo del tratamiento de alimentación con bellotas murió durante los 12 días de duración del ensayo, los escarabajos alimentados con excremento sufrieron un 25% de mortalidad en dicho periodo. Estos resultados respaldan la afirmación de que la dieta con bellotas tiene efectos positivos sobre la respuesta inmune frente a patógenos generalistas, lo que podría involucrar a metabolitos secundarios presentes en las bellotas, como compuestos fenólicos con potenciales efectos antipatógenos (VERDÚ *et al.*, 2013). El aumento de la respuesta inmune podría ser especialmente relevante en las especies de *Thorectes* con actividad otoño-invernal que requieren un elevado gasto energético para llevar a cabo la búsqueda de alimento y la reproducción.

El consumo de bellotas, debido a que proporciona una mayor cantidad de ácidos grasos y proteínas en la dieta, también incrementa el potencial reproductivo de *Thorectes* (VERDÚ *et al.*, 2010). En los experimentos de laboratorio, el peso de los ovarios, el número de oocitos/ovario y el peso medio de los oocitos fue 4-5 veces mayor en los individuos de *T. lusitanicus* alimentados con bellotas que en los individuos alimentados con excremento. Por el contrario, solo 1 de cada 10 hembras alimentadas con bellotas presentó ovarios sin desarrollar, mientras que 7 de cada 10 hembras alimentadas exclusivamente con excremento tuvieron ovarios sin desarrollar.

Estos resultados indican que la alimentación con bellotas podría ser especialmente importante para las especies de *Thorectes*, ápteras y con una limitada capacidad de dispersión. El consumo de bellotas permite el uso de un recurso trófico que no solo es relativamente predecible y abundante en los bosques de quercíneas, sino que además proporciona ventajas nutricionales que aumentan la tolerancia térmica de los escarabajos, su respuesta inmune y su potencial reproductivo durante la estación de cría. Todas estas ventajas parecen estar relacionadas con el mantenimiento a largo plazo de las poblaciones de estos geotrúpidos en las condiciones climáticas fluctuantes de los ecosistemas mediterráneos de la península ibérica y el norte de África (CUNHA *et al.*, 2011).

Aprovisionamiento de nidos con hojarasca de *Quercus*

Los escarabajos del género *Thorectes* no solo se alimentan de bellotas sino que además usan la hojarasca de *Quercus* para el aprovisionamiento de sus nidos (SÁNCHEZ-PIÑERO *et al.*, 2019; J.R. Verdú *et al.*, datos no publicados). Durante los muestreos realizados en el norte de África, se encontraron un total de 16 nidos de *T. trituberculatus* y varios nidos de *T. distinctus* aprovisionados con hojarasca de *Q. suber*, algunos de ellos con larvas. Este comportamiento nidificador ha sido también observado en *T. lusitanicus* (Fig. 6; J.R. Verdú *et al.*, datos no publicados).

El aprovisionamiento de nidos con hojarasca de *Quercus* fue similar en las tres especies de *Thorectes*. Las masas de cría estaban compuestas por fragmentos de hojarasca, obtenidos a partir de hojas secas troceadas por la hembra, meticulosamente compactados en el interior de las 4-5 galerías de nidificación que comprende el nido construido por una pareja reproductora. Las masas de cría medían 3.5-4.0 cm de ancho y 7-8 cm de longitud. En el caso de *T. distinctus*, las masas de cría tenían una forma más esférica y los fragmentos de hojarasca estaban menos compactados que en las masas de cría construidas por *T. lusitanicus* y *T. trituberculatus*. Las observaciones de campo indican que las masas de cría constituirían medios de cultivo de hongos edáficos, cuyas hifas crecen en el interior de estos empaquetamientos de hojarasca. Los hongos probablemente actuarían como un rumen externo, descomponiendo la hojarasca y permitiendo que las larvas puedan alimentarse de ella.

Figura 6.- Larva de *T. lusitanicus* en una masa de cría construida con hojarasca de *Q. suber*. Nidos con masas de cría similares se hallaron también en las especies norteafricanas *T. trituberculatus* y *T. distinctus*. © J.R. Verdú.

La nidificación con hojarasca de *Quercus* en *Thorectes*, cuyas especies se sabe que utilizan diversos tipos de excremento para aprovisionar sus nidos (KLEMPERER y LUMARET, 1985; MARTÍN-PIERA y LÓPEZ-COLÓN, 2000), evidencia el uso de recursos alternativos no solo para la alimentación sino también para la nidificación en distintas especies del género. El aprovisionamiento de nidos con detritus vegetales ha sido previamente señalado en algunos escarabeidos coprófagos, especialmente en Geotrupidae (véase SÁNCHEZ-PIÑERO *et al.*, 2019 y referencias allí citadas), incluyendo especies del género hermano *Silphotrupes* (Jekel, 1866) (J.R. Verdú, datos no publicados). La reversión de algunos rasgos morfológicos larvarios a las condiciones ancestrales en algunas especies de Scarabaeinae que usan restos vegetales para la nidificación (por ej., SCHOLTZ *et al.*, 2004) sugiere que esta estrategia nidificadora podría haber surgido como una adaptación secundaria, a partir de ancestros que nidificaban con excremento. Así, la alimentación con bellotas y la nidificación con hojarasca de *Quercus* halladas en *Thorectes,* podrían considerarse como rasgos derivados a partir de Geotrupini con hábitos principalmente coprófagos, como sugiere la filogenia de Geotrupidae (VERDÚ *et al.*, 2004; CUNHA *et al.*, 2011; véase más adelante).

Implicaciones ecológicas

Las interacciones entre los escarabajos del género *Thorectes* y las especies de *Quercus* tienen profundas implicaciones en la dispersión de semillas y el reclutamiento de plántulas, por lo que posiblemente afecten a la regeneración de los bosques de quercíneas. Aunque *T. lusitanicus* se alimenta de bellotas, se observó que en la mitad de las bellotas consumidas los embriones no habían sufrido ningún daño (PÉREZ-RAMOS *et al.*, 2013). Además, los escarabajos trasladaron las bellotas solo unos pocos centímetros, enterrándolas a 5-10 cm de profundidad, permitiendo el establecimiento de las semillas y estimulando su germinación, evitando al mismo tiempo la desecación y la depredación de las bellotas (PÉREZ-RAMOS *et al.*, 2013). De este modo, *T. lusitanicus* enterró la mayoría de las bellotas bajo la copa de los árboles, donde las condiciones de luz y humedad son más favorables para el reclutamiento de las plántulas, al menos hasta los tres años de edad analizados en los estudios realizados hasta este momento. Estas características del uso y enterramiento de bellotas por *T. lusitanicus* contrastan con las de los roedores, los otros grandes dispersores de bellotas. Los roedores generalmente consumieron las bellotas enteras, y menos de un 3% de las semillas que enterraron presentaban los embriones intactos. Además, los roedores generalmente llevaron las semillas a zonas bajo la sombra de los arbustos, un microhábitat desfavorable para la germinación y el crecimiento de las bellotas debido a la limitada disponibilidad de luz (PÉREZ-RAMOS *et al.*, 2007, 2013).

Las anteriores características de la dispersión por escarabajos y por roedores determinan que, aunque estos últimos manipularon una cantidad mucho mayor de bellotas (88-92%) que los escarabajos (6-11%), *T. lusitanicus* fue un dispersor de semillas mucho más efectivo (PÉREZ-RAMOS *et al.*, 2013). Así, mientras que los roedores enterraron menos de un 3% de las bellotas dispersadas, la proporción de bellotas enterradas por los escarabajos fue de más de dos tercios. En conjunto, los escarabajos enterraron más del doble del número de bellotas enterradas por los roedores (0.21 vs. 0.9%, respectivamente). La efectividad de los escarabajos como dispersores de bellotas fue aún mayor si se considera el efecto del microhábitat sobre la germinación, que fue hasta 10 veces mayor en las condiciones idóneas existentes bajo el dosel arbóreo (PÉREZ-RAMOS *et al.*, 2013).

Hay que destacar que los grandes herbívoros también estarían positivamente relacionados con la efectividad de *Thorectes* como dispersores de bellotas. De hecho, las mayores proporciones de bellotas dispersadas por *T. lusitanicus* se hallaron en zonas sin vallar, en lugares donde pastaban regularmente los ciervos y el ganado vacuno (PÉREZ-RAMOS *et al.*, 2007). Los grandes herbívoros facilitarían la dispersión de bellotas por *T. lusitanicus* por dos razones. En primer lugar, el excremento es un recurso habitualmente usado por *T. lusitanicus* para la alimentación y la nidificación, lo que favorecería el aumento de sus poblaciones. En segundo lugar, los grandes herbívoros también limitan la cobertura arbustiva, permitiendo el mantenimiento de rodales sin sotobosque bajo el estrato arbóreo. Estos rodales son el hábitat preferido de *T. lusitanicus* y son los lugares donde se desarrollan un mayor número de plántulas procedentes de bellotas enterradas por los escarabajos.

De este modo, las interacciones entre *Thorectes*, *Quercus* y vertebrados, especialmente grandes herbívoros, tendrían profundas implicaciones ecológicas (Fig. 7). La información disponible indica que hay una retroalimentación positiva entre *Thorectes* y *Quercus*. Así, una mayor cobertura arbórea parece estar relacionada con un incremento de la abundancia de los escarabajos, cuyas mayores poblaciones favorecerían, a su vez, la germinación de bellotas y el establecimiento de plántu-

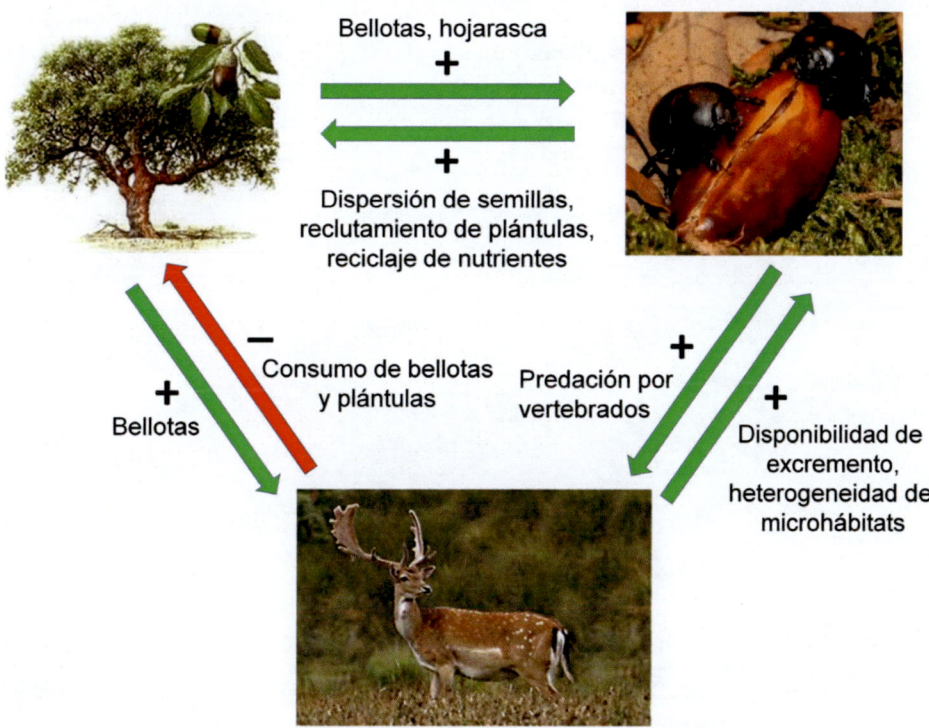

Figura 7.- Interacciones de retroalimentación entre árboles del género *Quercus*, escarabeidos coprófagos del género *Thorectes* y vertebrados, especialmente grandes herbívoros. Véase texto para su explicación.

las. Los grandes herbívoros tendrían efectos opuestos sobre los escarabajos y las quercíneas. Por un lado, afectarían positivamente a las poblaciones de escarabajos tanto por el aumento de la disponibilidad de recursos, debido a la deposición de excrementos, como por el mantenimiento de la heterogeneidad de microhábitats al reducir la cobertura de matorral. Además, tendrían efectos indirectos positivos sobre las quercíneas a través del reciclaje de nutrientes, gracias al excremento enterrado por la actividad de *Thorectes*, que incrementaría la fertilidad del suelo (véase NICHOLS *et al.*, 2008). Por otro lado, los grandes herbívoros también afectarían negativamente a la regeneración de *Quercus* debido al consumo de bellotas y de plántulas. Los roedores y algunas aves también se alimentan de bellotas, mientras que algunos vertebrados, como zorros, aves insectívoras, jabalíes, etc., comen escarabajos. Estas interacciones negativas podrían generar un estado estacionario o de homeostasis en el sistema. En estas condiciones, un incremento en las tasas de herbivoría o un descenso de las poblaciones de escarabajos debido a tratamientos con insecticidas o productos antiparasitarios (véase más adelante) podrían alterar la estabilidad del sistema. En conjunto, estos resultados indican la existencia de interacciones ecológicas complejas que involucran a componentes clave de la vegetación mediterránea, como son los bosques de *Quercus,* y a los escarabeidos del género *Thorectes*, muy diversificado en el Mediterráneo occidental.

EVOLUCIÓN DE LAS INTERACCIONES
THORECTES-QUERCUS

El uso de bellotas por especies ibéricas y norteafricanas de *Thorectes* parece ser una interacción ecológica con importantes consecuencias que, como demuestran los estudios realizados con *T. lusitanicus*, beneficia no solo a los escarabajos, aumentando su tolerancia térmica y el desarrollo ovárico (VERDÚ *et al*., 2010), sino también a las quercíneas, al incrementar las tasas de germinación gracias a la dispersión secundaria por los escarabajos (PÉREZ-RAMOS, 2013). Además, la nidificación de *T. trituberculatus*, *T. distinctus* y *T. lusitanicus* con hojarasca de *Q. suber* (SÁNCHEZ-PIÑERO *et al*., 2019; J.R. Verdú *et al*., datos no publicados) indica que al menos algunas especies de *Thorectes* pueden utilizar este recurso, abundante y más predecible que el excremento, para nidificar. Estos resultados sugieren que las especies de *Thorectes* que se alimentan con bellotas son también capaces de nidificar con hojarasca de la misma especie de quercínea. Esto tendría dos importantes consecuencias para los escarabajos: a) la independencia de la disponibilidad de excremento como factor limitante para la nidificación; y b) la existencia de una relación más estrecha y ancestral con las especies de *Quercus*. Por consiguiente, estos resultados apoyan la hipótesis de que el origen y la diversificación del género *Thorectes* en la península ibérica y el norte de África estarían asociados con el origen y diversificación de *Quercus* en la región.

Las evidencias evolutivas relacionadas con el origen y distribución de las especies de *Quercus* podrían ser esenciales para explicar la asociación con las especies de *Thorectes*. Hasta el momento, sabemos que las distintas especies de *Thorectes* consumen bellotas de tres especies de quercíneas: *Quercus suber* L., *Q. ilex* L. y *Q. canariensis* Willd. Las dos primeras especies de quercíneas pertenecen al subgénero *Cerris*, de distribución Paleártica-Indomalaya: sección *Cerris* (quercíneas ceroides) en el caso de *Q. suber* y sección *Ilex* (quercíneas ilicoides) en el caso de *Q. ilex*. *Q. canariensis*, sin embargo, pertenece al subgénero *Quercus* sección *Quercus* (quercíneas roburoides) (DENK y GRIMM, 2010; DENK *et al*., 2017). Las especies de la sección *Cerris* están mayoritariamente distribuidas en áreas centrales y orientales de la región mediterránea, con una distribución disyunta

(Eurasia occidental hasta Irán y Nepal central). Estas especies probablemente se originaron en el nordeste de Asia como mínimo durante el Oligoceno (SIMEONE *et al.*, 2018). *Q. suber* representa la especie con distribución más occidental de este linaje y una de las primeras especies de este grupo que se diferenció (SCHIRONE *et al.*, 2015; SIMEONE *et al.*, 2018). En la actualidad, *Q. suber* está restringido a diversas áreas discontinuas localizadas exclusivamente en la zona occidental de la cuenca mediterránea y a lo largo de la costa atlántica del norte de África y el suroeste de Europa (LUMARET *et al.*, 2002; SCHIRONE *et al.*, 2015). Las especies de la seción *Ilex* están confinadas a Eurasia y el norte de África, con una mayor diversidad taxonómica en el este de Asia, distribuyéndose *Q. ilex* desde la región occidental de la cuenca mediterránea en Portugal y Marruecos hasta Turquía y el Mar Negro. La subespecie *Q. rotundifolia* (o *Q. ballota* según algunos autores) está distribuida por el sur de la península ibérica y Marruecos (DE RIGO y CAUDULLO, 2016). Finalmente, las especies de la sección *Quercus* (subgénero *Quercus*) se encuentran distribuidas por toda la región Holártica (Europa occidental, Asia Central y oriental, norte de África, América del norte y central). La especie perteneciente a este grupo, *Q. canariensis*, es una especie mediterránea semicaducifolia distribuida en el suroeste de Europa y norte de África que habita las áreas más húmedas de zonas cálidas (GARCÍA-MIJANGOS *et al.*, 2015). Así, el hecho de que las tres especies de *Quercus* que, hasta donde sabemos, consumen los *Thorectes* pertenezcan a los dos subgéneros de *Quercus* y a tres de sus ocho secciones reconocidas (SIMEONE *et al.*, 2018), apoyan la posible existencia de una relación basal entre las especies de *Quercus* y de *Thorectes*. Los fósiles indican que la sección *Quercus* podría haber estado ya presente durante el Eoceno medio (≈ 45 Ma) y que las secciones *Cerris* e *Ilex* podrían haber estado presentes en el Oligoceno (≈ 30 Ma) y Eoceno (≈ 40 Ma), respectivamente (DENK *et al.*, 2017). Aparte de las especies de *Thorectes*, la única especie de geotrúpido que se alimenta de bellotas de *Quercus* es *Mycotrupes lethroides* (Westwood, 1837) (BEUCKE, 2009; BEUCKE y CHOATE, 2009). *Mycotrupes* es un género Neártico de Geotrupinae que agrupa a cinco especies ápteras restringidas a las planicies del sureste de norte América y que se considera que está cercanamente relacionado con *Thorectes* (*s.l.*) (OLSON *et al.*, 1954; HOWDEN, 1955). Aunque no hay estudios filogenéticos comparativos, *Mycotrupes* está considerado como un género primitivo que se originó durante el Cretácico superior en el continente Euroamericano (ZUNINO, 1984; NOONAN, 1988). De este modo, la existencia de una probable conexión ancestral entre *Quercus* y *Mycotrupes* permite suponer que la asociación *Quercus-Thorectes* es igualmente profunda en el tiempo.

Todos estos argumentos sugieren que el origen evolutivo de *Thorectes* (*s.l.*) está relacionado con las masas de tierra aisladas existentes en la parte occidental

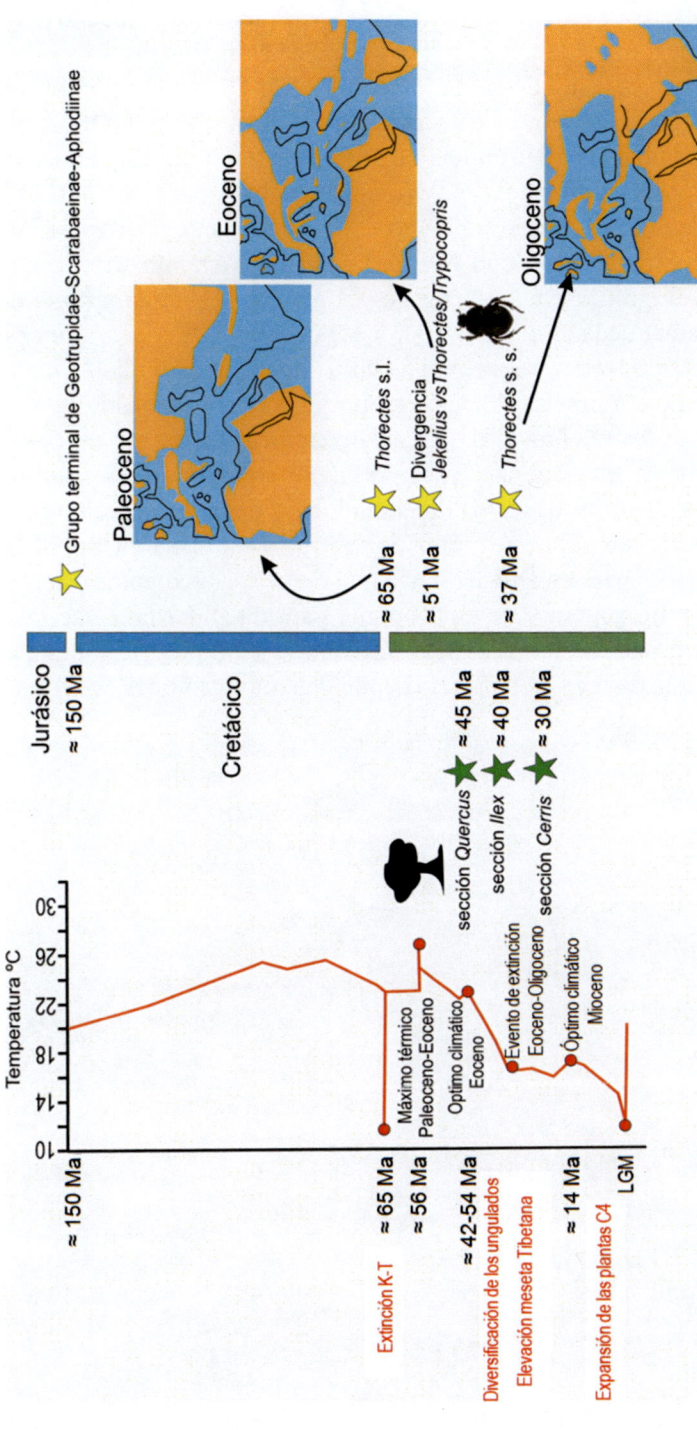

Figura 8.- Principales eventos en la historia evolutiva del linaje de *Thorectes* (*s.l.*) durante el Mesozoico (barra azul) y el Cenozoico (barra verde). Las estimas de la edad de divergencia para los principales clados de *Thorectes* (estrellas amarillas) y *Quercus* (estrellas verdes) se han representado de acuerdo con CUNHA *et al.* (2011) y DENK *et al.* (2017). La distribución aproximada de las masas de tierra dentro del área de distribución actual de *Thorectes* en los tres periodos de divergencia más importantes se han representado con base en SCOTESE (2001) y KOCSIS y SCOTESE (2021). El lado izquierdo de la figura representa las variaciones en la temperatura superficial (línea roja) y los principales eventos geológicos y evolutivos (letras rojas) durante los últimos 150 millones de años según MILLS *et al.* (2019). LGM = Último máximo glacial.

41

del Tethys y, además, con los periodos hipertérmicos del Paleoceno y Eoceno (Fig. 8). Este largo periodo de tiempo comenzó tras el evento de extinción del límite K-T ($\approx$ 65 Ma) y terminó con el evento de extinción del Eoceno-Oligoceno ($\approx$ 34 Ma). Este periodo está caracterizado por el enfriamiento del clima (ZACHOS *et al.*, 2001), el reemplazamiento de la biota endémica de Europa por especies asiáticas y la formación de los biomas estepáricos y desérticos del Paleártico (BARBOLINI *et al.*, 2020). Las evidencias filogenéticas disponibles indican que la aparición de *Thorectes* (*s.s.*) fue contemporánea con este periodo relativamente frio, lo que habría favorecido el refugio de estas especies en la península ibérica y norte de África. Sin embargo, aún quedan muchas cuestiones por aclarar. Así, determinar si las interacciones entre *Thorectes* y *Quercus* han evolucionado independientemente en la península ibérica y el norte de África o si, por el contrario, constituyen un sistema ecológico más ancestral, ligado al origen y diversificación del género *Quercus* y al establecimiento de una vegetación de tipo mediterráneo, es una cuestión clave para comprender distintos aspectos de la evolución de las interacciones en los ecosistemas mediterráneos. De este modo, es necesario confirmar la monofilia del género *Thorectes* (*s.s.*) para establecer hasta qué punto los elementos orientales tienen una posición filogenética basal, así como para dilucidar las relaciones filogenéticas entre las especies ibéricas y norteafricanas. Sería necesario realizar más investigación en esta dirección para comprender las implicaciones evolutivas y ecológicas de las interacciones *Thorectes-Quercus*.

CONSERVACIÓN

Las interacciones entre *Thorectes* y *Quercus* tienen importantes implicaciones ecológicas, como se ha discutido anteriormente, favoreciendo la dispersión secundaria de *Quercus*, la emergencia y el desarrollo de plántulas, así como proporcionando a los *Thorectes* consumidores de semillas una dieta rica en ácidos grasos que favorecen la supervicencia y la reproducción. Además, la nidificación con hojarasca de *Quercus* proporciona un recurso abundante y previsible a algunas de estas especies. Así, el mantenimiento de estas interacciones es presumiblemente importante para la conservación y gestión de los ecosistemas mediterráneos de la península ibérica y el norte de África.

Sin embargo, como ocurre en otros muchos grupos de insectos, especialmente en los escarabeidos coprófagos (SÁNCHEZ-BAYO y WYCKHUYS, 2019; NUMA *et al.*, 2020), muchas especies de *Thorectes* están actualmente amenazadas en toda la cuenca mediterránea. El apterismo del género *Thorectes* determina una escasa capacidad de dispersión en estas especies, un hecho que explicaría no solo el elevado número de especies existente en la península ibérica y el norte de África, sino además la vulnerabilidad de sus poblaciones desde el punto de vista de su conservación (véase VERDÚ y GALANTE, 2006 para las amenazas de algunas de las especies ibéricas del género). Así, el estatus de conservación de diez especies evaluadas por la IUCN (excluyendo a otras cinco especies categorizadas como con "Datos Insuficientes") muestra que una especie está "En Peligro Crítico" (*T. coloni*), cinco "En Peligro" (*T. baraudi, T. coiffati, T. distinctus, T. puncticollis, T. variolipennis*), una "Vulnerable" (*T. valencianus*), una "Casi Amenazada" (*T. lusitanicus*) y dos con "Preocupación Menor" (*T. armifrons, T. laevigatus*) (IUCN, 2016). Los principales factores de amenaza asociados con el declive de las especies de *Thorectes* son la pérdida y fragmentación del hábitat, debido mayoritariamente a urbanización e intensificación agrícola, junto con los cambios en las prácticas ganaderas (IUCN, 2016; NUMA *et al.*, 2020). Además, otra amenaza grave es el uso de productos antiparasitarios, especialmente de lactonas macrocíclicas como la ivermectina. La ivermectina, un compuesto antiparasitario ampliamente usado, se biomagnifica en los adultos de *T. lusitanicus* (VERDÚ *et al.*, 2020). Cuando los escarabajos ingieren dosis no letales de ivermectina, este compuesto es rápidamente transferido del tracto digestivo a la hemolinfa, un proceso que podría explicar los efectos subletales provocados por una disminución grave de las capacidades sensoriales y locomotoras de los escarabeidos coprófagos aún a dosis de ivermectina muy bajas (VERDÚ *et al.*, 2015, 2018). Desde la hemolinfa, la ivermectina llega a otros tejidos como el cuerpo graso. El cuerpo graso parece tener un papel principal en la biomagnificación de la ivermectina en *T. lusitanicus*, alcanzado concentraciones 1.6 veces mayor que en la hemolinfa, un resultado probablemente relacionado con el carácter lipofílico de la ivermectina. El cuerpo graso juega un papel esencial en el almacenamiento de reservas y en el metabolismo, sintetizando los ácidos grasos y proteínas que se encuentran en la hemolinfa. La biomagnificación de la ivermectina en el cuerpo graso podría tener consecuencias diversas. El secuestro de ivermectina por los adipocitos podría disminuir sus concentraciones en la hemolinfa y, por tanto, amortiguar los efectos nocivos de la ivermectina en otros tejidos y órganos (por ejemplo, órganos sensoriales y reproductores, tejido muscular). Sin embargo, el almacenamiento de concentraciones altas de ivermectina en el cuerpo graso podría también provocar su movilización durante periodos de alta demanda de energía, como la estación reproductora o períodos de escasez de alimento, cuando los ácidos grasos almacenados en el cuerpo graso se metabolizan, pudiendo causar efectos subletales y letales y/o una disminución del éxito reproductivo (VERDÚ *et al.*, 2020).

Como se indicó anteriormente, los grandes herbívoros parecen favorecer las poblaciones de *Thorectes* al proporcionar excremento tanto para su alimentación como para la nidificación, además de mantener la heterogeneidad del hábitat limitando también la cobertura de matorral. Sin embargo, el uso de productos antiparasitarios, como la ivermectina, y los cambios en las prácticas ganaderas debido tanto al abandono de la ganadería extensiva (que reduce la disponibilidad de excremento y la heterogeneidad del hábitat) como al sobrepastoreo (provocando compactación del suelo, pérdida de heterogeneidad del hábitat, etc.) podrían también impactar negativamente en las interacciones entre *Thorectes* y *Quercus*, con consecuencias sobre el establecimiento de plántulas y las dinámicas de regeneración forestal. Por ello, es necesario llevar a cabo un mayor esfuerzo de investigación para analizar las consecuencias a largo plazo de las interacciones entre *Thorectes* y *Quercus* en las dinámicas forestales (PÉREZ-RAMOS *et al.*, 2007, 2013).

La elevada endemicidad de las especies de *Thorectes* refuerza la necesidad de estudiar esta interacción, debido a que sus consecuencias ecológicas serían aplicables solo a los ecosistemas forestales del Mediterráneo occidental, particularmente a los existentes en la península ibérica y norte de África, donde se encuentran la mayoría de las especies de *Thorectes*.

CONCLUSIONES Y DIRECCIONES FUTURAS

En conclusión, la información de que disponemos revela la importancia de las interacciones entre los escarabajos del género *Thorectes* y las especies de *Quercus*. En primer lugar, los *Quercus* proporcionan recursos a adultos y larvas de los escarabajos. Las bellotas proporcionan un recurso alternativo y abundante que constituye el principal alimento de los *Thorectes* en bosques de *Quercus* y que incrementa la eficacia biológica de los escarabajos. La hojarasca de *Quercus* también proporciona un recurso alternativo para la nidificación, un factor especialmente importante para estos escarabajos ápteros con una limitada capacidad de dispersión. En segundo lugar, *Thorectes* favorece la dispersión de semillas y el reclutamiento de plántulas de *Quercus*, al menos a corto plazo, favoreciendo potencialmente la regeneración del bosque. Las ventajas proporcionadas por estas interacciones a la eficacia biológica de los escarabajos y de las quercíneas apoyan la hipótesis de la existencia de una relación evolutiva entre el origen y la diversificación de *Thorectes* y *Quercus*. Desde la perspectiva de la gestión forestal, comprender y preservar estas interacciones podrían ser cruciales para el mantenimiento de la dinámica ecológica y la biodiversidad de los bosques de *Quercus* en la península ibérica y el norte de África.

No obstante, quedan aún muchas cuestiones por resolver, de forma que comprender las interacciones entre los escarabajos del género *Thorectes* y los árboles del género *Quercus* requeriría la realización de estudios adicionales. Sería necesario un mayor esfuerzo de muestreo para determinar si otras especies de *Thorectes*, como *T. armifrons*, consumen bellotas y evaluar la contribución de este recurso a la dieta de los escarabajos. Adicionalmente, cuantificar la importancia relativa de la hojarasca y de los excrementos como recursos alternativos para la nidificación proporcionaría una valiosa información para dilucidar las conexiones ecológicas y evolutivas entre *Thorectes* y *Quercus*. Otra cuestión básica es el consumo de bellotas de diferentes especies de *Quercus*. Aunque los resultados de los experimentos en laboratorio mostraron la existencia de preferencias de *Thorectes* por bellotas de *Q. suber* y *Q. ilex* frente a las de *Q. canariensis*, no se han realizado observaciones de consumo de bellotas de *Q. ilex* en el campo. Por este motivo, sería necesario realizar estudios tanto en el campo como en laboratorio para aclarar si las distintas especies de *Thorectes* se alimentan de bellotas de diferentes especies de *Quercus* y conocer las características de las bellotas involucradas en la selección, tales como el tamaño, la dureza de la cáscara y el contenido de taninos (VERDÚ *et al.*, 2007). Además, sería necesario conocer las respuestas de los escarabajos a los compuestos volátiles de las bellotas para determinar su papel en la detección de las bellotas y su efecto atrayente sobre los escarabajos.

Las evidencias que tenemos hasta este momento sugieren la existencia de una relación positiva, en términos generales, entre las poblaciones de *T. lusitanicus*, la presencia de grandes herbívoros y la abundancia de árboles del género *Quercus* (VERDÚ *et al.*, 2010; Fig. 7). Para comprobar esta hipótesis, deberían considerarse dos aspectos de la interacción entre los escarabajos y las quercíneas. En primer lugar, sería necesario evaluar los efectos a largo plazo de *Thorectes* sobre el reclutamiento de las quercíneas para determinar si los micrositios con niveles intermedios de sombra constituirían hábitats adecuados no solo para el reclutamiento de las plántulas sino también para el desarrollo de árboles juveniles y subadultos (PÉREZ-RAMOS *et al.*, 2013). En segundo lugar, debido a que las poblaciones de *Thorectes* aumentarían como consecuencia de la disponibilidad de excrementos de grandes herbívoros, un análisis del balance de los efectos positivos (incremento de *Thorectes* coprófagos, que favorece la dispersión de semillas y el establecimiento de plántulas) y negativos (consumo de semillas y plántulas) de los grandes herbívoros sobre el reclutamiento de las quercíneas permitiría comprender mejor las dinámicas a largo plazo de los procesos de regeneración forestal (VERDÚ *et al.*, 2010).

Finalmente, es necesario también llevar a cabo análisis filogenéticos para desentrañar cuestiones sistemáticas y evolutivas relacionadas con el género *Thorectes* y sus interacciones con *Quercus*. Como se ha indicado anteriormente, las interacciones entre *Thorectes* y *Quercus* apoyan la hipótesis de que el origen y la diversificación del género *Thorectes* en la península ibérica y el norte de África están asociados con el origen y diversificación de *Quercus* en la región. Sin embargo, los análisis disponibles en la actualidad incluyen una representación limitada de especies de *Thorectes* norteafricanos (véase CUNHA et al., 2011). Así, es necesaria la realización de futuros estudios para dilucidar la filogenia del clado de *Thorectes*, especialmente en lo concerniente a la relación entre las especies ibéricas y norteafricanas. Estos análisis ayudarán a comprender las implicaciones ecológicas y evolutivas de las interesantes interacciones que tienen lugar entre los geotrúpidos del género *Thorectes* y los árboles del género *Quercus*.

AGRADECIMIENTOS

Este estudio se ha llevado a cabo gracias a un proyecto de investigación concedido por el Instituto de Estudios Ceutíes (Ciudad Autónoma de Ceuta, España). Agradecemos a nuestro colega José Luis Ruiz su inestimable colaboración desde el inicio del proyecto y sus valiosos comentarios a este trabajo. Damos también las gracias a un revisor anónimo por sus comentarios a una primera versión del manuscrito y a David Nesbitt por revisar la versión en inglés del trabajo. Nuestro agradecimiento al Dr. Guy Chavanon por su ayuda en la obtención de los permisos de la Direction de la Lutte Contre la Désertification et de la Protection de la Nature para llevar a cabo el trabajo de investigación en Marruecos.

REFERENCIAS BIBLIOGRÁFICAS

AHRENS, D., SCHWARZER, J. Y VOGLER, A.P., 2014.- The evolution of scarab beetles tracks the sequential rise of angiosperms and mammals. *Proceedings of the Royal Society B*, 281: 20141470.

ALONSO-ZARAZAGA, M.A., LOBO, J.M., LÓPEZ-COLÓN, J.I. Y VERDÚ, J.R., 2015.- Case 3699. *Thorectes* Mulsant, 1842 (Insecta, Coleoptera, SCARABAEOIDEA): proposed conservation of usage. *Bulletin of Zoological Nomenclature*, 72: 291-296.

BARAUD, J., 1977.- Coléoptères Scarabaeoidea. Faune de l'Europe Occidentale: Belgique, France, Grande Bretagne, Italie, Péninsule Ibérique. *Nouvelle Revue d'Entomologie, Supplement*: 1-352.

BARBOLINI, N., WOUTERSEN, A., DUPONT-NIVET, G., SILVESTRO, D., TARDIF, D., COSTER, P.M.C., MEIJER, N., CHANG, C., ZHANG, H.X., LICHT, A., RYDIN, C., KOUTSODENDRIS, A., HAN, F., ROHRMANN, A., LIU, X.-J., ZHANG, Y., DONNADIEU, Y., FLUTEAU, F., LADANT, J.-B., LE HIR, G., Y HOORN, C., 2020.- Cenozoic evolution of the steppe-desert biome in Central Asia. *Science Advances,* 6: eabb8227.

BEUCKE, K., 2009.- *Phylogenetics, niche modelling, and biogeography of* Mycotrupes *(Coleoptera: Geotrupidae)*. PhD dissertation, University of Florida. Available at https://ufdc.ufl.edu/

BEUCKE, K., Y CHOATE, P. 2009.- Notes on the feeding behavior of *Mycotrupes lethroides* (Westwood) (Coleoptera: Geotrupidae), a flightless North American beetle. *Coleopterists Bulletin,* 63: 228-229.

BRANCO, T. Y ZIANI, S., 2006.- New nomenclatural and taxonomic acts, and comments: Geotrupidae, in I. Löbl, y A. Smetana (Eds.): *Catalogue of Palaearctic Coleoptera*, vol. 3: 28-30. Apollo Books. Stenstrup.

BRANCO, T. Y ZIANI, S., 2007.- The genus *Thorectes* Mulsant, 1842: a rectification regarding its type species and some considerations about its taxonomy (Coleoptera, Geotrupidae). *Fragmenta Entomologica*, 39: 255-264.

BROWNE, J. Y SCHOLTZ, C.H., 1999.- A phylogeny of the families of Scarabaeoidea (Coleoptera). *Systematic Entomology*, 24: 51-84.

CHOWN, S.L., PISTORIUS, P. Y SCHOLTZ, C.H., 1998.- Morphological correlates of flightlessness in southern African Scarabaeinae (Coleoptera: Scarabaeidae): testing a condition of the water conservation hypothesis. *Canadian Journal of Zoology*, 76: 1123-1133.

CUNHA, R.L., VERDÚ, J.R., LOBO, J.M. Y ZARDOYA, R., 2011.- Ancient origin of endemic Iberian earth-boring dung beetles (Geotrupidae). *Molecular Phylogenetics and Evolution*, 59: 578-586.

DE RIGO, D. Y CAUDULLO, G., 2016.- *Quercus ilex* in Europe: distribution, habitat, usage and threats, in J. San-Miguel-Ayanz, D. de Rigo, G. Caudullo, T. Houston Durrant y A. Mauri (Eds.): *European Atlas of Forest Tree Species*: 152-153. Publication Office of the EU. Luxembourg.

DENK, T. Y GRIMM, G.W., 2010.- The oaks of western Eurasia: traditional classifications and evidence from two nuclear markers. *Taxon*, 59: 351-366.

DENK, T., GRIMM, G.W., MANOS, P.S., DENG, M., HIPP, A.L., 2017.- An updated infrageneric classification of the oaks: review of previous taxonomic schemes and synthesis of evolutionary patterns, in E. Gil-Pelegrín, J. Peguero-Pina y D. Sancho-Knapik (Eds.): *Oaks physiological ecology. Exploring the functional diversity of genus* Quercus L. Tree physiology, vol. 7: 13-38. Springer. Cham. Switzerland.

DICKENS, J.C., 2006.- Plant volatiles moderate response to aggregation pheromone in Colorado potato beetle. *Journal of Applied Entomology*, 130: 26-31.

FINN, J.A. Y GILLER, P.S., 2002.- Experimental investigations of colonization by northtemperate dung beetles of different types of domestic herbivore dung. *Applied Soil Ecology*, 20: 1-13.

FRANK, K., KRELL, F.T., SLADE, E.M., RAINE, E.H., CHIEW, L.Y., SCHMITT, T., VAIRAPPAN, C.S., WALTER, P. Y BLÜTHGEN, N., 2018.- Global dung webs: high trophic generalism of dung beetles along the latitudinal diversity gradient. *Ecology Letters* 21: 1229-1236.

GALLEGO, B., VERDÚ, J.R., CARRASCAL, L.M. Y LOBO, J.M., 2017.- Thermal tolerance and recovery behaviour of *Thorectes lusitanicus* (Coleoptera, Geotrupidae). *Ecological Entomology,* 42: 758-767.

GALLEGO, B., VERDÚ, J.R Y LOBO, J.M., 2018.- Comparative thermoregulation between different species of dung beetles (Coleoptera: Geotrupinae). *Journal of Thermal Biology,* 74: 84-91.

GARCÍA-MIJANGOS, I., CAMPOS, J.A., BIURRUN, I., HERRERA, M. Y JAVIER, L., 2015.- Marcescent forests of the Iberian Peninsula: floristic and climate characterization, in E.O. Box y K. Fujiwara (Eds.): *Warm-temperate deciduous forests around the Northern Hemisphere. Geobotanical Studies*: 119-138. Springer. Cham. Switzerland.

GREBENNIKOV, V.V. Y SCHOLTZ, C.H., 2004.- The basal phylogeny of Scarabaeoidea (Insecta: Coleoptera) inferred from larval morphology. *Invertebrate Systematics,* 18: 321-348.

GUNTER, N.L., WEIR, T.A., SLIPINKSI, A., BOCAK, L. Y CAMERON, S.L., 2016.- If dung beetles (Scarabaeidae: Scarabaeinae) arose in association with dinosaurs, did they also suffer a mass co-extinction at the K-Pg boundary? *PLoS ONE,* 11(5): e0153570.

HALFFTER, G. Y EDMONDS, W.D., 1982. *The nesting behavior of dung beetles (Scarabaeinae). An ecological and evolutive approach.* Instituto de Ecología. México. 176 pp.

HALFFTER, G. Y HALFFTER, V., 2009.- Why and where coprophagous beetles (Coleoptera: Scarabaeinae) eat seeds, fruits or vegetable detritus. *Boletín de la SEA,* 45: 1-22.

HALFFTER, G. Y MATTHEWS, E.G., 1966.- The natural history of dung beetles of the subfamily Scarabaeinae (Coleoptera: Scarabaeidae). *Folia Entomologica Mexicana,* 12/14: 1-312.

HANSKI, I., 1983.- Distributional ecology and abundance of dung and carrion-feeding beetles (Scarabaeidae) in tropical rain forests in Sarawak, Borneo. *Acta Zoologica Fennica,* 167: 1-45.

HANSKI, I. Y CAMBERFORT, Y., 1991.- *Dung beetle ecology.* Princeton University Press. Princeton. New Jersey. 481 pp.

HOWDEN, H.F., 1955.- Biology and taxonomy of North American beetles of the subfamily Geotrupinae, with revisions of the genera *Bolbocerosoma, Eucanthus,*

Geotrupes, and *Peltotrupes* (Scarabaeidae). *Proceedings of the United States National Museum*, 104: 151-319.

HOWDEN, H.F., 1964.- The Geotrupinae of North and Central America. *Memoirs of the Entomological Society of Canada,* 39: 1-91.

HUCHET, J.B., SOMMER, D., HILLERT, O. Y KRAL, D., 2020.- Nouvelle espèce du genre *Jekelius* López-Colón, 1989, pour la faune paléarctique (Coleoptera, Scarabaeoidea, Geotrupidae). *Coléoptères*, 26: 1-10.

KOCSIS, Á.T. Y SCOTESE, C.R., 2021.- Mapping coastlines and continental flooding during the Phanerozoic. *Earth-Science Reviews,* 213: 103463.

IUCN, 2016. The IUCN Red List of Threatened Species. Version 2016-2. Available at: www.iucnredlist.org.

KLEMPERER, H.G. Y LUMARET, J.P., 1985.- Life cycle and behaviour of the flightless beetles *Thorectes sericeus* Jekel, *T. albarracinus* Wagner and *T. laevigatus cobosi* Baraud (Col. Geotrupidae). *Annales de la Société Entomologique de France,* 21: 425-438.

KRÁL, D., MALÝ, V. Y SCHNEIDER, J., 2001.- Revision of the genera *Odontrypes* and *Phelotrupes* (Coleoptera: Geotrupidae). *Folia Heyrovskyana Supplementum,* 8: 1-178.

KRELL, F.-T., 2007.- Catalogue of fossil Scarabaeoidea (Coleoptera: Polyphaga) of the Mesozoic and Tertiary - Version 2007 -. *Denver Museum of Nature and Science technical report*, 2007-8: 1-79.

KRIKKEN, J., 1981.- Geotrupidae from the Nepal Himalayas. New flightless species of *Geotrupes* Latreille, 1796, with a biogeographical discussion (Insecta: Coleoptera). *Senckenbergiana Biologica* [1980], 61(5-6): 369-381.

LÖBL, I., NIKOLAJEV, G.V. Y KRÁL, D., 2006.- Geotrupidae, in I. Löbl y A. Smetana (Eds.): *Catalogue of Palaearctic Coleoptera. Vol. 3, Scarabaeoidea – Scirtoidea –Dascilloidea – Buprestoidea – Byrrhoidea.* Apollo Books. Stenstrup.

LOBO, J.M., VERDÚ, J.R. Y NUMA, C., 2006.- Environmental and geographical factors affecting the Iberian distribution of flightless *Jekelius* species (Coleoptera: Geotrupidae). *Diversity and Distributions,* 12: 179-188.

LOBO, J.M., JIMÉNEZ-RUIZ, Y., CHEHLAROV, E., GUÉORGUIEV, B., PETROVA, Y., KRÁL, D., ALONSO-ZARAZAGA, M.A. Y VERDÚ, J.R., 2015.- The taxonomic and phylogenetic status of *Jekelius (Reitterius) punctulatus* (Jekel, 1866) and *Jekelius (Jekelius) brullei* (Jekel, 1866) using molecular data supports splitting the former genus *Thorectes*. *Zootaxa*, 2040: 187-203.

LÓPEZ-COLÓN, J.I., 1989.- Algunas consideraciones sobre la morfología de la armadura genital masculina en el género *Thorectes* Mulsant, 1842, y sus implicaciones filogenéticas (Col Scarabaeoidea, Geotrupidae). *Boletín del Grupo Entomológico de Madrid*, 4: 69-82.

LÓPEZ-COLÓN, J.I., 1996.- El "género" *Thorectes* Mulsant, 1842 (Coleoptera, Scarabaeoidea, Geotrupidae) en la Fauna Europea. *Giornale Italiano di Entomologia* [1995], 7: 355-388.

LÓPEZ-COLÓN, J.I., 2018.- *Jekelius (Jekelius) bahilloi* n. sp. ibérica (Coleoptera Geotrupidae). *Biocosme mésogéen, Nice*, 35: 15-24.

LÓPEZ-COLÓN, J.I. Y ALONSO-ZARAZAGA, M.A., 2006.- A valid type species designation for genus *Thorectes* Mulsant, 1842 under the provisions of the International Code of Zoological Nomenclature (Coleoptera, Geotrupidae). *Graellsia*, 62: 267-268.

LÓPEZ-MARTÍNEZ, N., 2008. The lagomorph fossil record and the origin of the European rabbit, in P.C. Alves, N. Ferrand y K. Hacklçnder (Eds.): *Lagomorph Biology: Evolution, Ecology and Conservation*: 27-46. Springer. Berlin.

LUMARET, R., MIR, C., MICHAUD, H. Y RAYNAL, V., 2002.- Phylogeographical variation of chloroplast DNA in holm oak (*Quercus ilex* L.). *Molecular Ecology*, 11: 2327-2336.

MARTÍN-PIERA, F. Y LOBO, J.M., 1996.- A comparative discussion of trophic preferences in dung beetle communities. *Miscel-lànea Zoologica*, 19: 13-31.

MARTÍN-PIERA, F. Y LÓPEZ-COLÓN, J.I., 2000.- *Coleoptera. Scarabaeoidea I.* Fauna Ibérica Vol. 14. Museo Nacional de Ciencias Naturales, CSIC. Madrid. 526 pp.

McGRAW, B.A., RODRÍGUEZ-SAONA, C., HOLDCRAFT, R., SZENDRAI, S. Y KOPPENHÖFER, A.M., 2011.- Behavioral and electrophysiological responses of *Listronotus maculicollis* (Coleoptera, Curculionidae) to volatiles from intact and mechanically damaged annual bluegrass. *Environmental Entomology*, 40: 412-419.

McKENNA, D.D., WILD, A.L., KANDA, K., BELLAY, C.L., BEUTEL, R.G. *et al.*, 2015.- The beetle tree of life reveals that Coleoptera survived end-Permian mass extinction to diversify during the Cretaceous terrestrial revolution. *Systematic Entomology*, 40: 835-880.

McKENNA, D,D., SHIN, S., AHRENS, D., BALKE, M., BEZA-BEZA, C. *et al.*, 2019.- The evolution and genomic basis of beetle diversity. *Proceedings of the National Academy of Sciences,* 116 (49): 24729-24737.

MILLS, B.J.W., KRAUSE, A.J., SCOTESE, C.R., HILL, D.J., SHIELDS, G.A. Y LENTON, T.M., 2019.- Modelling the long-term carbon cycle, atmospheric CO_2, and Earth surface temperature from Neoproterozoic to present day. *Gondwana Research,* 67: 172-186.

NICHOLS, L., SPECTOR, S., LOUZADA, J.N.C., LARSEN, T., AMEZQUITA, S. Y FAVILA, M., 2008.- Ecological functions and ecosystem services provided by Scarabaeinae dung beetles. *Biological Conservation,* 141: 1461-1474.

NIKOLAJEV, G.V., 2008.- The family Geotrupidae (Coleoptera) from the Lower Cretaceous of Asia. *Tethys Entomological Research*, 16: 31-36.

NIKOLAJEV, G.V., KRÁL, D. Y BEZDĚ, A., 2016.- Geotrupidae, in I. Löbl y D. Löbl (Eds.): *Catalogue of Palaearctic Coleoptera*, Vol. 3, *Scarabaeoidea – Scirtoidea –Dascilloidea – Buprestoidea – Byrrhoidea*. Revised and Updated Edition. Brill. Leiden/Boston. Netherlands/U.S.A.

NOMENCLATURE, INTERNATIONAL C.O.Z., 2018.- Opinion 2411 (Case 3699) - *Thorectes* Mulsant, 1842 (insect, Coleoptera, Scarabaeoidea); usage conserved by maintenance of *Scarabaeus laevigatus* Fabricius, 1798 as type species. *Bulletin of Zoological Nomenclature*, 75: 79-81.

NOONAN, G.R., 1988.- Faunal relationships between eastern North American and Europe, as shown by insects. *Memoirs of the Entomological Society of Canada*, 144: 39-53.

NUMA, C., TONELLI, M., LOBO, J.M., VERDÚ, J.R., LUMARET, J.P., SÁNCHEZ-PIÑERO, F., RUIZ, J.L., DELLACASA, M., ZIANI, S., ARRIAGA, A., CABRERO, F., LABIDI, I., BARRIOS, V., ŞENYÜZ, Y. Y ANLAŞ, S., 2020.- *The conservation status and distribution of Mediterranean dung beetles*. IUCN. Gland/Málaga. Switzerland/ Spain.

OLSON, A.L., HUBBELL, T.H. Y HOWDEN, H.F., 1954.- The burrowing beetles of the genus *Mycotrupes*. *Miscellaneous Publications, Museum of Zoology, University of Michigan*, 84: 1-59.

PALESTRINI, C. Y ZUNINO, M., 1985.- Osservazioni sul regime alimentare dell'adulto in alcune specie del genere *Thorectes* Muls. (Col. Scar.: Geotrupidae). *Bollettino del Museo Regionali di Scienze Naturali, Torino,* 3: 183-190.

PALMER, M. Y CAMBEFORT, Y., 1997.- Aptérisme et diversité dans le genre *Thorectes* Mulsant, 1842 (Coleoptera: Geotrupidae): une étude phylogénétique et biogéographique des espèces méditerranéennes. *Annales de la Société Entomologique de France (Nouvelle Série)*, 33: 3-18.

PALMER, M. Y CAMBEFORT, Y., 2000.- Evidence for reticulate palaeogeography: beetle diversity linked to connection-disjunction cycles of the Gibraltar strait. *Journal of Biogeography,* 27: 403-416.

PÉREZ-RAMOS, I.M., MARAÑÓN, T., LOBO, J.M. Y VERDÚ, J.R., 2007.- Acorn removal and dispersal by the dung beetle *Thorectes lusitanicus*: ecological implications. *Ecological Entomology,* 32: 349-356.

PÉREZ-RAMOS, I.M., VERDÚ, J.R., NUMA, C., MARAÑÓN, T. Y LOBO, J.M., 2013.- The comparative effectiveness of rodents and dung beetles as local seed dispersers in Mediterranean oak forests. *PLoS One*, 8(10): e77197.

PHILIPS, T.K., EDMONDS, W.D. Y SCHOLTZ, C.H., 2004.- A phylogenetic analysis of the New World tribe Phanaeini (Coleoptera: Scarabaeidae: Scarabaeinae): Hypotheses on relationships and origins. *Insect Systematics y Evolution,* 35: 43-63.

REY, A. Y LÓPEZ-COLÓN J.I., 2003.- Anexo. Propuesta de un nuevo nombre: *Rudolfpetrovitzia* Rey y López-Colón nom. nov., que actuará como nombre de reemplazo y sustituirá al nombre preocupado *Petrovitzia* Lópcz-Colón, 1996, in J.I. López-Colón: Lista preliminar de los Scarabaeoidea (Coleoptera) de la fauna europea (Parte I). *Boletín de la Sociedad Entomológica Aragonesa,* 38: 135-144.

ROMERO-SAMPER, J. Y LOBO, J.M., 2008.- Datos ecológicos y biogeográficos sobre las comunidades de coleópteros escarabeidos paracópridos (Coleoptera: Scarabaeidae y Geotrupidae) del Medio Atlas (Marruecos). *Boletín de la SEA,* 43: 121-144.

RUIZ, J.L., 1995.- Los Scarabaeoidea (Coleóptera) coprófagos de la región de Ceuta (Norte de África). Aproximación faunística. *Transfretana,* Monografía n° 2. Estudios sobre el medio natural de Ceuta y su entorno: 11-114.

SÁNCHEZ-BAYO, F. Y WYCKHUYS, K.A.G., 2019.- Worldwide decline of the entomofauna: A review of its drivers. *Biological Conservation,* 232: 8-27.

SÁNCHEZ-PIÑERO, F. Y ÁVILA, J.M., 1991.- Análisis comparativo de los Scarabaeoidea (Coleoptera) coprófagos de las deyecciones de conejo [*Oryctolagus cuniculus* (L.)] y de otros mamíferos. *Eos*, 67: 23-34.

SÁNCHEZ-PIÑERO, F., VERDÚ, J.R., LOBO, J.M. Y RUIZ, J.L., 2019.- Use of *Quercus* acorns and leaf litter by North African *Thorectes* species (Coleoptera: Scarabaeoidea: Geotrupidae). *African Entomology*, 27: 10-17.

SCHIRONE, B., SPADA, F., SIMEONE, M.C. Y VESSELLA, F., 2015.- *Quercus suber* L. distribution revisited, in E.O. Box y K. Fujiwara (Eds.): *Warm-temperate deciduous forests around the Northern Hemisphere. Geobotanical Studies*: 181-212. Springer. Cham. Switzerland.

SCHOLTZ, C.H. Y BROWNE, D.J., 1996.- Polyphyly in the Geotrupidae (Scarabaeoidea: Coleoptera): a case for a new family. *Journal of Natural History*, 30: 597-614.

SCHOLTZ C.H., DAVIS A.L.V. Y KRYGER, U., 2009.- *Evolutionary biology and conservation of dung beetles*. Pensoft. Sofia-Moscow. 567 pp.

SCHOLTZ, C.H., HARRISON, J.G. Y GRABENNIKOV, V.V., 2004.- Dung beetle (*Scarabaeus* (*Pachysoma*)) biology and immature stages: reversal to ancestral status under desert conditions? (Coleoptera: Scarabaeidae). *Biological Journal of the Linnean Society,* 83: 453-460.

SCHOOLMEESTERS P., 2020.- Scarabs: World Scarabaeidae Database (version 2020-07-01), in Y. Roskov, G. Ower, T. Orrell, D. Nicolson, N. Bailly, P.M. Kirk, T. Bourgoin, R.E. DeWalt, W. Decock, E. van Nieukerken y L. Penev (Eds.): *Species 2000 y ITIS Catalogue of Life*. Species 2000. Naturalis. Leiden. The Netherlands. Available at www.catalogueoflife.org/col.

SCOTESE, C.R., 2001.- Atlas of Earth history, Volume 1. Paleogeography. PALEOMAP Project. Arlington. Texas.

SIMEONE, M.C., CARDONI, S., PIREDDA, R., IMPERATORI, F., AVISHAI, M., GRIMM, G.W. Y DENK, T., 2018.- Comparative systematics and phylogeography of *Quercus* Section *Cerris* in western Eurasia: inferences from plastid and nuclear DNA variation. *PeerJ,* 6: e5793.

SMITH, A.B.T., HAWKS, D.C. Y HERATY, J.M., 2006.- An overview of the classification and evolution of the major scarab beetle clades (Coleoptera: Scarabaeoidea) based on preliminary molecular analyses. *Coleopterists Society Monograph*, 5: 35-46.

TSHIKAE, B.P., DAVIS, A.L.V. Y SCHOLTZ, C.H., 2013.- Does an aridity and trophic resource gradient drive patterns of dung beetle food selection across the Botswana Kalahari? *Ecological Entomology,* 38: 83-95.

VAJDA, V. Y BERCOVICI, A., 2014.- The global vegetation pattern across the Cretaceous–Paleogene mass extinction interval: A template for other extinction events. *Global and Planetary Change,* 22: 29-49.

VERDÚ, J.R., CASAS, J.L., CORTÉZ, V., GALLEGO, B. Y LOBO, J.M., 2013.- Acorn consumption improves the immune response of the dung beetle *Thorectes lusitanicus*. *PLoS ONE,* 8(7): e69277.

VERDÚ, J.R., CASAS, J.L., LOBO, J.M. Y NUMA, C., 2010.- Dung beetles eat acorns to increase their ovarian development and thermal tolerance. *PLoS One,* 5(4): e10114.

VERDÚ, J.R., CORTEZ, V., MARTINEZ-PINNA, J., ORTIZ, A.J., LUMARET, J.P., LOBO, J.M., SÁNCHEZ-PIÑERO, F. Y NUMA, C., 2018.- First assessment of the comparative toxicity of ivermectin and moxidectin in adult dung beetles: Sublethal symptoms and pre-lethal consequences. *Scientific Reports,* 8: 14885.

VERDÚ, J.R., CORTEZ, V., ORTIZ, A.J., GONZÁLEZ-RODRÍGUEZ, E., MARTINEZ-PINNA, J., LUMARET, J.P., LOBO, J.M., NUMA, C. Y SÁNCHEZ-PIÑERO, F., 2015.- Low doses of ivermectin cause sensory and locomotor disorders in dung beetles. *Scientific Reports,* 5: 13912.

VERDÚ, J.R., CORTEZ, V., ORTIZ, A.J., LUMARET, J.P., LOBO, J.M. Y SÁNCHEZ-PIÑERO, F., 2020.- Biomagnification and body distribution of ivermectin in dung beetles. *Scientific Reports,* 10: 9073.

VERDÚ, J.R. Y GALANTE, E., 2004.- Behavioural and morphological adaptations for a low quality resource in semi-arid environments: dung beetles (Coleoptera, Scarabaeoidea) associated with the European rabbit (*Oryctolagus cuniculus* L.). *Journal of Natural History,* 38: 705-715.

VERDÚ, J.R. Y GALANTE, E., 2006.- *Libro rojo de los invertebrados de España.* Dirección General de Biodiversidad, Ministerio de Medio Ambiente. Madrid. 412 pp.

VERDÚ, J.R., GALANTE, E., LUMARET, J.P. Y CABRERO-SAÑUDO, F.J., 2004.- Phylogenetic analysis of Geotrupidae (Coleoptera, Scarabaeoidea) based on larvae. *Systematic Entomology,* 29: 509-523.

VERDÚ, J.R., LOBO, J.M., NUMA, C., PÉREZ-RAMOS, I.M., GALANTE, E. Y MARAÑÓN, T., 2007.- Acorn preference by the dung beetle, *Thorectes lusitanicus*, under laboratory and field conditions. *Animal Behaviour,* 74: 1697-1704.

VERDÚ, J.R., NUMA, C., LOBO, J.M., MARTÍNEZ-AZORÍN, M. Y GALANTE, R., 2009.- Interactions between rabbits and dung beetles influence the establishment of *Erodium praecox*. *Journal of Arid Environments,* 73: 713-718.

VERDÚ, J.R., NUMA, C., LOBO, J.M. Y PÉREZ-RAMOS, I.M., 2011.- Acorn preference under field and laboratory conditions by two flightless Iberian dung beetle species (*Thorectes baraudi* and *Jekelius nitidus*): Implications for recruitment and management of oak forests in Central Spain. *Ecological Entomology*, 36: 104-110.

VILLALBA, S., LOBO, J. M., MARTÍN-PIERA, F. Y ZARDOYA, R., 2002.- Phylogenetic relationships of Iberian dung beetles (Coleoptera: Scarabaeinae): insights on the evolution of nesting behavior. *Journal of Molecular Evolution*, 55: 116-126.

WALTER, P., 1983.- The importance of necrophagia in the food dict of tropical African coprophagic Scarabaeidae. *Bulletin de la Société Zoologique de France,* 108: 397-402.

WEITHMANN, S., VON HOERMANN, C., SCHMITT, T. STEIGER, S. Y AYASSE, M., 2020.- The attraction of the dung beetle *Anoplotrupes stercorosus* (Coleoptera: Geotrupidae) to volatiles from vertebrate cadavers. *Insects*, 11: 476.

ZACHOS, J., PAGANI, M., SLOAN, L., THOMAS, E. Y BILLUPS, K., 2001.- Trends, rhythms, and aberrations in global climate 65 Ma to present. *Science,* 292: 686-693.

ZUNINO, M., 1984.- Sistematica generica dei Geotrupinae (Coleoptera, Scarabaeoidea: Geotrupidae), filogenesi della sottofamiglia e considerazioni biogeografiche. *Bollettino del Museo Regionali di Scienze Naturali, Torino,* 2: 9-162.